焦化污染场地

安全利用模式与修复新技术应用推广机制研究

孙　宁　呼红霞　马跃涛　段松青　等 著

中国环境出版集团 · 北京

图书在版编目（CIP）数据

焦化污染场地安全利用模式与修复新技术应用推广机制研究 / 孙宁等著 . —北京：中国环境出版集团，2023.1

ISBN 978-7-5111-5413-2

Ⅰ. ①焦…　Ⅱ. ①孙…　Ⅲ. ①焦化—场地—环境污染—修复—研究　Ⅳ. ① X508

中国版本图书馆 CIP 数据核字（2022）第 248010 号

出 版 人　武德凯
责任编辑　葛　莉
封面设计　彭　杉

出版发行　中国环境出版集团
（100062　北京市东城区广渠门内大街 16 号）
网　　址：http：//www.cesp.com.cn
电子邮箱：bjg1@cesp.com.cn
联系电话：010-67112765（编辑管理部）
010-67112739（第二分社）
发行热线：010-67125803，010-67113405（传真）

印　　刷　北京中科印刷有限公司
经　　销　各地新华书店
版　　次　2023 年 1 月第 1 版
印　　次　2023 年 1 月第 1 次印刷
开　　本　787 × 1092　1/16
印　　张　13.5
字　　数　245 千字
定　　价　85.00 元

本书编委会

主　编　孙　宁

副主编　呼红霞　　马跃涛　　段松青

编　委　丁贞玉　　刘锋平　　张宗文

（生态环境部环境规划院）

徐铁兵　　张婷婷　　马心宇　　陈　雨

于　海　　武兰顺　　苏亚南

（河北省生态环境科学研究院）

李　磊　　刘利军

（山西省生态环境监测和应急保障中心）

（山西省生态环境科学研究院）

前言

2016 年 5 月国务院发布实施的《土壤污染防治行动计划》提出，到 2020 年，全国土壤污染加重趋势得到初步遏制，土壤环境质量总体保持稳定，农用地和建设用地土壤环境安全得到基本保障，土壤环境风险得到基本管控；到 2030 年，全国土壤环境质量稳中向好，农用地和建设用地土壤环境安全得到有效保障，土壤环境风险得到全面管控。到 2020 年，污染地块安全利用率达到 90% 以上。2017 年，科技部设立了“场地土壤污染成因与治理技术”重点专项。2018 年 7 月，科技部正式向社会发布了“场地土壤污染成因与治理技术”重点专项 2018 年度项目申报指南，“京津冀及周边焦化场地污染治理与再开发利用技术研究与集成示范”项目即为其中项目之一。该项目下设置了“焦化场地安全开发利用模式与技术应用推广机制研究”课题。该课题由生态环境部环境规划院牵头，联合河北省生态环境科学研究院、山西省生态环境科学研究院共同开展研究工作。

本研究开展污染地块治理修复和安全开发利用模式含义、内涵和特征分析，构建出一套污染地块安全开发利用的评价指标体系和评价方法。针对焦化污染地块修复与管控过程中的健康安全防护、二次污染防治、效果评估、修复后安全开发利用等主要环节中的关键技术问题和管理问题进行了研究，形成了一套焦化污染地块修复与管控关键技术体系，制定了团体标准并公开发布实施。在我国污染防治新技术验证评价管理和技术总体要求的指导下，针对焦化污染地块污染特征、修复与管控要求，研究提出一套焦化污染地块修复与管控新技术验证评价的技术方法体系。在此基础上，针对焦化污染场地治理修复与风险管控集成技术推广应用中面临的问题进行了研究，结合国家技术研发、技术成果转化和产业化方面的要求和其他行业相关经验，提出了污染地块修复与管控新技术推广应用的体制机制对策建议。

本书共分 10 章，其中，第 1 章由孙宁、呼红霞编写，第 2 章由孙宁、丁贞玉编写，第 3 章由张宗文编写，第 4 章由马跃涛、徐铁兵、马心宇、武兰顺、苏亚南编写，第 5 章由刘锋平编写，第 6 章由马跃涛、于海、张婷婷、陈雨编写，第 7 章由段松青、李磊、刘利军编写，第 8 章由呼红霞编写，第 9 章由段松青、李磊、刘利军编写，第 10 章由上述人员共同编写。

书中有不足之处，敬请广大读者批评指正。

目录

第 1 章　我国现有焦化污染地块及治理修复现状

1.1　典型焦化生产工艺过程及产污分析

焦化生产是将煤炭资源转变为化工产品的生产过程，主要原料是煤炭，经过高温干馏等生产工艺后，提取出煤气，再经过一系列化工生产工艺流程，提取出糖精、焦油、沥青和许多其他化工原材料。也就是说，它是专业从事冶金焦炭（炼钢燃料）生产和冶炼焦化产品（主要包括硫黄、二甲苯、甲苯、苯、硫酸铵等）加工、回收、生产的工艺工程。典型焦化类生产企业生产工艺流程如图 1-1 所示，总体分为焦煤区域（包括原料、配煤、炼焦车间）、化产区（回收、焦油车间）、固体废物堆场和废水处理厂。

针对不同生产工艺的产污环节分析，确定场地污染调查热点区域、特征污染物及主要污染途径，分析结果见表 1-1。研究焦化生产过程和污染物排放及处理过程可知，典型焦化场地土壤和地下水中主要污染物为多环芳烃类（PAHs）、苯系物（BTEX）、总石油烃类（TPH）等。其中，以苯并 [*a*] 芘、萘和苯的污染最具有代表性，部分污染严重的场地存在非水相液体（NAPLs）污染和重金属污染。

表 1-1　典型焦化场地污染调查热点区域及污染途径分析

分厂	生产活动	污染物种类	污染途径
炼焦分厂	炼焦、推焦、熄焦	多环芳烃、苯系物、酚、氰等	大气扩散
焦油分厂	焦油蒸馏；酚盐洗涤；焦油、杂酚油、洗油、粗酚等储存	多环芳烃、苯系物、酚、氰等	大气扩散、设施渗漏
回收分厂	煤气净化、脱硫；油水分离；焦油、氨水、焦油渣、催化剂的储存	多环芳烃、苯系物、酚、氰、钒等	大气扩散、设施渗漏
煤制气分厂	两段炉制气、脱酸、储罐	苯系物、多环芳烃、杂环芳烃、酚、氰等	大气扩散、设施渗漏
	脱酸、蒸氨、洗苯	二氧化硫、氮氧化物	
	粗苯、洗油、硫酸、氨水储存，地下废水池存放	多环芳烃、苯系物、酚、氰等	
精苯分厂	古马隆蒸馏、粗苯 - 重苯储存	苯系物	设施渗漏
污水处理分厂	酚水池、隔油池、均化池、曝气池、浓缩池、沉淀池等存放	苯系物、多环芳烃、杂环芳烃、酚、氰等	设施渗漏
洗罐站	废水池存放	苯系物、多环芳烃、杂环芳烃、酚、氰等	设施渗漏

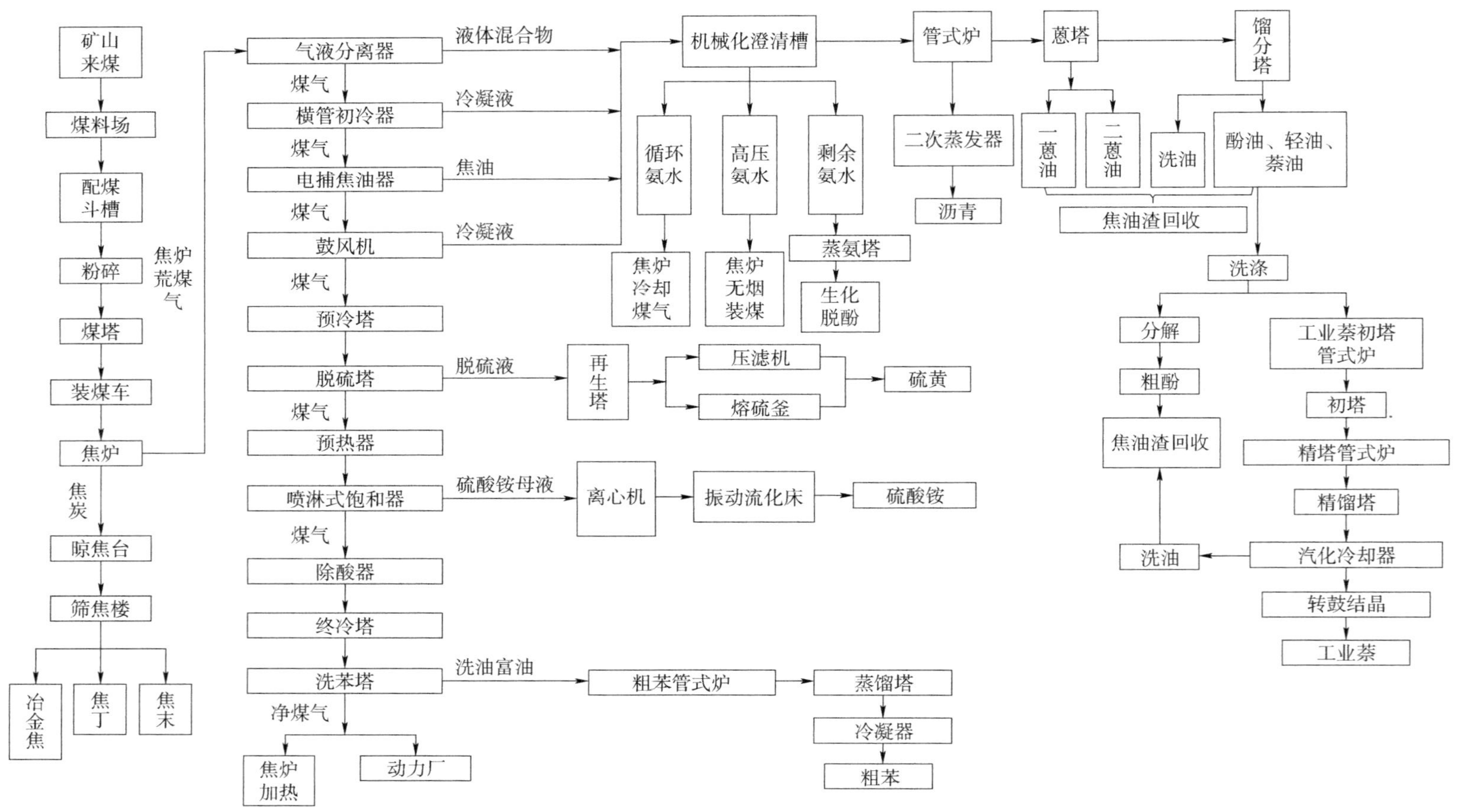

图 1-1 典型焦化类生产企业生产工艺流程示意

1.2　我国启动修复（管控）的焦化污染地块分析

焦化污染地块是我国典型的污染地块类型之一，其特点是地块占地面积大、污染物较典型、污染程度较重，是污染地块环境管理的重点和难点。在过去我国污染地块治理修复和开发利用的工程实践中，先后进行了北京焦化厂地块、重庆钢铁集团地块、武汉东钢遗留地块、广东白鹤洞钢铁遗留地块、山西煤气化厂遗留地块、杭州钢铁厂遗留地块等一批典型的大型焦化生产区遗留地块的治理修复与风险管控，引起行业和社会的高度关注。全国重点行业企业用地调查的初步成果显示，纳入调查的钢铁与焦化类型的地块在七种主要类型地块中排名第三，地块数量（含在产和遗留地块）初步估计有千余块。

截至 2022 年 5 月 2 日，全国各省（区、市）生态环境主管部门公开的《建设用地土壤污染风险管控和修复名录》中，全国共有 78 个焦化类或钢铁污染地块（杭钢、重钢等国内大型地块，仍按照省级名录中的统计方法进行统计）。其中浙江省有 28 家，占全国总数的 35.9%；重庆市位居第二，有 10 家，占全国总数的 12.8%，见表 1-2。

表 1-2 《建设用地土壤污染风险管控和修复名录》中各省（区、市）焦化类或钢铁污染地块数量

省（区、市）	数量 / 块	省（区、市）	数量 / 块
浙江	28	辽宁	2
重庆	10	山东	2
安徽	7	天津	2
贵州	5	福建	1
四川	5	湖北	1
云南	4	江西	1
北京	3	上海	1
河北	3	总计	78
山西	3		

在除西藏以外的其他省（区、市）的现有地块名录中，焦化类或钢铁污染地块调查评估和修复情况，如表 1-3 所示。

表 1-3 国内部分焦化类或钢铁污染地块分布及基本情况（截至 2022 年 5 月）

序号	省（区、市）	地块名称	地块面积 /m^2	进展情况 / 所在阶段
1	北京	首钢一耐养老设施项目	102 200	暂不开发利用
2	北京	首钢园区焦化厂（精苯）地块（地铁 M11 号线区域外）	41 496	正在实施风险管控 / 修复
3	北京	北京首钢特殊钢有限公司 15 号、16 号地块及周边道路	76 753	暂不开发利用
4	天津	东丽区快速路（天钢）地块	613 223.2	正在编制修复方案
5	天津	天津市东丽区快速路（天钢）5 号、10 号地块	76 376.8	正在实施修复
6	河北	石家庄焦化集团有限责任公司地块	150 640.87	正在编制风险管控 / 修复方案
7	河北	承德立飞焦化有限公司地块	95 437.06	正在编制风险管控 / 修复方案
8	河北	宣钢西厂区地块	489 360	正在编制风险管控 / 修复方案
9	山西	云马焦化有限公司二期地块	15 860	正在编制修复方案
10	山西	山西省忻州焦化厂三期地块	37 699.8	正在编制修复方案
11	山西	原平钢铁厂搬迁污染地块	195 000	已完成修复方案编制
12	湖北	湖北新冶钢有限公司（东钢厂区）地块	701 400	分三阶段实施，一阶段（361 548 m^2）完成修复效果评估；二阶段（262 238.93 m^2）正在开展效果评估；三阶段（77 612.67 m^2）正在实施修复
13	上海	静安区共和新路街道 280 街坊钢圈厂地块	14 479	正在实施修复
14	浙江	杭钢单元 GS1302-02、GS1302-19 地块及周边道路	54 632	正在实施修复
15	浙江	杭钢单元 GS1302-06 地块及周边道路	44 825	正在实施修复
16	浙江	杭钢单元 GS1302-07 地块	22 679	正在实施修复
17	浙江	杭钢单元 GS1302-13、GS1302-18 地块及周边道路	24 077	正在实施修复
18	浙江	杭钢单元 GS1302-15 地块	13 856	正在实施修复
19	浙江	杭钢单元 GS1302-20、GS1302-22、GS1303-03、GS1303-19、部分 GS1303-20、部分 GS1303-21、GS1303-22 地块及周边道路	120 692	正在实施修复

续表

序号	省（区、市）	地块名称	地块面积 /m²	进展情况 / 所在阶段
20	浙江	杭钢单元 GS1302-23 地块及周边道路	35 256	正在实施修复
21	浙江	杭钢单元 GS1303-01、GS1303-18 地块及周边道路	53 992	需实施风险管控 / 修复
22	浙江	杭钢单元 GS1303-02、GS1303-17 地块及周边道路	50 337	需实施风险管控 / 修复
23	浙江	杭钢单元 GS1303-07 地块	103 132	正在实施修复
24	浙江	杭钢单元 GS1303-09、GS1303-10、GS1303-11、GS1303-15、GS1303-16 地块及周边道路	122 314	需实施风险管控 / 修复
25	浙江	杭钢单元 GS1304-01、GS1304-18、GS1304-19 地块及周边道路	63 610	正在实施修复
26	浙江	杭钢单元 GS1304-02 地块及周边道路	56 891	正在实施修复
27	浙江	杭钢单元 GS1304-03 地块及周边道路	51 869	需实施风险管控 / 修复
28	浙江	杭钢单元 GS1304-04、GS1304-05、GS1304-06、GS1304-20 地块及周边道路	59 250	需实施风险管控 / 修复
29	浙江	杭钢单元 GS1304-07、部分 GS1304-21 地块及周边道路	90 782	需实施风险管控 / 修复
30	浙江	杭钢单元部分 GS1301-05、部分 GS1301-09、部分 GS1302-05、部分 GS1302-14、GS1302-26 地块及周边道路	89 614	正在实施修复
31	浙江	杭钢单元部分 GS1302-04 地块及周边道路	31 551	正在实施修复
32	浙江	杭钢单元独城路东段地块	36 612	正在实施修复
33	浙江	杭钢单元金昌路东段小部分地块	6 037	正在实施修复
34	浙江	杭钢单元康园路地块	50 587	正在开展效果评估
35	浙江	杭钢单元炼铁路地块	20 071	正在实施修复
36	浙江	杭钢旧址公园 GS1303-05、GS1303-06 地块	90 669	正在实施修复
37	浙江	杭钢旧址公园 GS1303-08 地块	94 800	正在实施修复
38	浙江	金昌路以南康贤路和杭宁高铁涉及杭钢地块	18 570	需实施风险管控 / 修复
39	浙江	金昌路与 320 国道交叉口涉及杭钢地块	10 398	正在实施修复
40	浙江	金昌路与康园路交叉口西面涉及杭钢地块	1 370	正在实施修复
41	浙江	浙江嘉兴中达集团有限责任公司（不锈钢管分厂）地块	18 200	正在实施修复
42	安徽	原马钢（合肥）地块东南与铁路专用线片区	692 905.32	管控及修复
43	安徽	原马钢（合肥）地块西北片区	622 440.32	管控及修复

续表

序号	省（区、市）	地块名称	地块面积 /m²	进展情况 / 所在阶段
44	安徽	原马钢（合肥）地块中部 A 片区	424 446.7	管控及修复
45	安徽	原马钢（合肥）地块中部 B 片区	304 946.7	管控及修复
46	安徽	原马钢（合肥）地块中部 C 片区	221 653.3	管控及修复
47	安徽	长源（淮北）焦化有限公司地块	166 666.7	管控及修复
48	安徽	铜陵市原亚星焦化厂生产区域地块	250 000	管控
49	江西	原丰远焦化厂旧址地块	9 418	正在开展效果评估
50	福建	福建天宇钢铁制品有限公司地块	60 000	完成风险评估
51	山东	青岛焦化制气有限责任公司地块（混合地块 1）	169 066.7	正在编制修复方案
52	山东	滕州市瑞达焦化有限公司地块	217 773	正在实施修复
53	重庆	重庆钢铁（集团）有限公司焦化厂（含精苯厂）地块	478 800	正在实施修复
54	重庆	重庆市鹏程钢铁有限公司地块	81 372	正在开展补充调查评估
55	重庆	重钢片区炼钢厂地块	284 269	正在实施风险管控
56	重庆	重钢炼铁厂原址地块	287 887	正在实施修复
57	重庆	重钢片区烧结厂原址地块	281 500	正在编制修复方案
58	重庆	重钢渔鳅浩地块［重庆钢铁集团产业有限公司（源丰）］	222 601	正在编制修复方案
59	重庆	重钢高速线材厂原址地块	142 520.97	正在编制修复方案
60	重庆	重钢大坪山（卓力标件厂）地块	6 656	正在实施风险管控
61	重庆	重庆钢铁集团钢管有限责任公司地块	145 956	正在实施风险管控
62	重庆	重庆江合煤化（集团）有限公司焦化厂原址地块	63 851	正在实施修复
63	四川	彭州通济焦化厂地块	7 860	已编制风险管控 / 修复方案
64	四川	达州市福鑫冶炼有限责任公司焦化厂关闭地块	27 142.5	拟编制风险管控 / 修复方案
65	四川	达州市福达焦化实业有限公司地块	39 104	拟编制风险管控 / 修复方案
66	四川	宜宾市宝能焦化有限责任公司地块	69 122.13	正在编制风险管控 / 修复方案
67	四川	攀枝花市中汇特钢有限公司地块	78 619.03	拟编制风险管控 / 修复方案
68	云南	昆明焦化制气有限公司（二期）地块	114 878	完成风险评估

续表

序号	省（区、市）	地块名称	地块面积 /m^2	进展情况 / 所在阶段
69	云南	昆明焦化制气有限公司（三期）地块	70 268.11	完成修复方案编制
70	云南	昆明焦化制气有限公司（四期）地块	30 793.15	完成风险评估
71	云南	昆明钢铁集团有限责任公司桥钢厂片区地块	354 911.71	完成风险评估
72	贵州	8# 首钢贵钢（公交车站、阳明花鸟市场、贵钢职工医院、一炼厂）地块	120 835	正在编制修复方案
73	贵州	12# 首钢贵钢（耐火厂、驾校）地块	181 852	正在编制修复方案
74	贵州	14# 首钢贵钢（气体中心）地块	11 914	正在编制修复方案
75	贵州	15# 首钢贵钢（气体中心）地块	6 665	正在编制修复方案
76	贵州	贵州华能焦化制气股份有限公司地块	861 409	暂不开发利用，暂未修复。已落实标识牌、围挡等管控措施
77	辽宁	原沈阳炼焦煤气有限公司地块	290 198.14	正在管控及修复
78	辽宁	凌钢集团朝阳焦化有限责任公司地块	85 642.8	正在实施风险管控

京津冀区域典型焦化类污染地块主要包括原北京焦化厂（A）、原首钢焦化厂（B）、原太原煤气化厂（C）、原唐山焦化厂（D）、原石家庄焦化厂（E）（表 1-4）。

表 1-4 京津冀区域典型焦化类场地基本情况

编号	名称	地理位置	占地面积 / 万 m^2	生产时期	生产规模
A	原北京焦化厂	北京市	135	1959—2006 年	年产焦炭约 180 万 t、焦炉煤气 74 000 万 m^3、粗焦油 6.5 万 t、轻苯 2.1 万 t、粗苯 2.2 万 t、硫铵 2.98 万 t、工业萘 1.0 万 t、煤沥青 6.0 万 t
B	原首钢焦化厂	北京市	31.37	1937—2010 年	年产焦炭 190 余万 t、焦炉煤气 210 万 m^3，轻苯和焦油年处理能力分别为 2.5 万 t 和 7.5 万 t
C	原太原煤气化厂	太原市	28.07	1980—2012 年	年产城市煤气 1.4 亿 m^3、优质冶金焦炭 70 余万 t，焦油、粗苯、硫铵、黄血盐等化工产品 5 万 t
D	原唐山焦化厂	唐山市	18.01	1968—2006 年	年产焦炭 47.72 万 t、粗焦油约 2.2 万 t，年产硫酸铵、粗苯、工业萘等化工产品约 1 万 t
E	原石家庄焦化厂	石家庄市	55.16	1958—2008 年	年产焦炭 76.33 万 t、焦炉煤气 89.24 万 m^3、煤焦油约 3.67 万 t，硫酸铵、轻苯、酚钠盐等化工产品约 2 万 t

1.3 典型焦化类污染地块污染特征分析

1.3.1 首钢精苯车间污染特征

该地块是北京焦化厂遗留的地块。根据该地块土壤环境调查报告，该地块山前平原第四系粗粒径松散沉积物，从上至下分为四层：人工填土层（0.5～2.0 m）、轻亚黏土层（1.0 m）、卵石层（80 m）和砂岩基岩层（隔水层）；地下水埋深为55～60 m，渗透系数为300～600 m/d，地下水流向为由西北到东南。精苯地块主要污染物为PAHs（90～1 800 mg/kg）和BTEX（10～1 080 mg/kg），包括苯、萘、苯并[*a*]芘等。其中，BTEX主要集中在0～8 m的区域，地下水主要污染物为苯。苯、萘和苯并[*a*]芘的最高含量分别为1 080 mg/kg、1 530 mg/kg和1 810 mg/kg。地下水主要污染物为苯和萘，最高质量浓度分别为7.7 mg/L和0.83 mg/L。

该地块未来开发用途为商业、工业遗址公园、绿地等。

1.3.2 太原煤气化有限责任公司遗留地块污染特征

该地块土壤环境调查报告显示，土壤垂直分布结构是人工填土层（3.0 m）、第四系全新统冲积、洪积成因的中粗砂层（2.9 m）、粉土层（5.51 m）、中粗砂层（2.79 m）、粉质黏土层（1.0～3.4 m）、卵石层（3.3～7.0 m）、第四系更新粉质黏土层。地下水由西北向东南流动，静止水位埋深为13～25 m。

该遗留地块的主要污染物为PAHs（10～2 270 mg/kg）和BTEX（71～1 110 mg/kg），其中，PAHs主要集中在0～3 m的区域；地下水主要污染物为苯（177 mg/L）和萘（7.9 mg/L）。

1.3.3 重钢焦化厂遗留地块污染特征

对重钢焦化厂地块进行分区，具体分为道路和空地、焦炉区、焦油和化产区、堆场区、精苯和水处理区。修复技术路线如图1-2所示。未来规划用途包括居住用地、教育科研用地、公园绿地、道路四大类。

项目调查范围内场地土壤中，风险超过可接受水平的污染物主要是焦化类场地中的特征污染物，包括苯、萘、菲、芘、苯并[*a*]蒽、苯并[*b*]荧蒽、苯并[*a*]芘、二苯并[*a*, *h*]蒽、茚并[1, 2, 3-*cd*]芘、苯并[*k*]荧蒽、二苯并呋喃、氰化物、汞、二甲苯等，以及非特征性污染物砷、镍、锌等。土壤调查评估按照垂向深度将重钢焦化

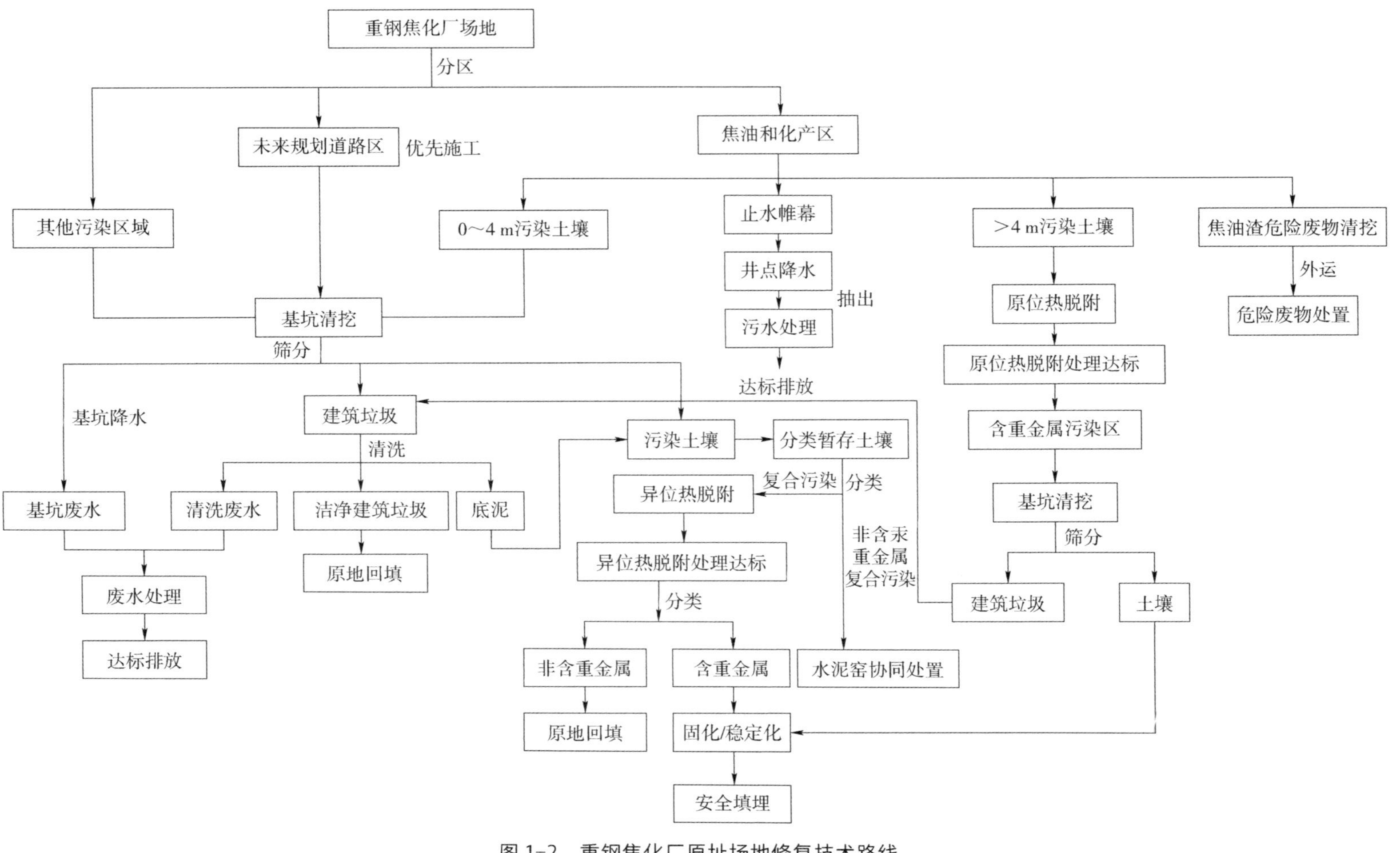

图 1-2 重钢焦化厂原址场地修复技术路线

厂场地划分为六层，按照场地土壤中主要目标污染物类型（PAHs、BTEX、重金属、TPH 和氰化物等）逐层确定修复边界和估算修复方量，分层情况如下：第 1 层位于地面以下 0～2 m，第 2 层位于地面以下 2～4 m，第 3 层位于地面以下 4～6 m，第 4 层位于地面以下 6～8 m，第 5 层位于地面以下 8～10 m，第 6 层位于地面 10 m 以下。

根据地下水污染调查结果，针对杂填土层中滞水的 WB133-2、WB131-2、WB129-2、WB137-2 中污染物超标情况，埋深平均约为 2 m，其成井深度在 5～8 m，滞水层平均厚度约为 5 m。根据保守原则，初步划定焦油和化产区域进行地下水修复总面积约为 6.8 万 m^2。

1.3.4 徐州环宇焦化厂地块污染特征

徐州环宇焦化厂地块所在区域为黄泛冲积平原，地势低平，地貌以平原为主，丘陵次之，水域面积较少。总地势自西北向东南倾斜。场地第四系覆盖层厚度为 40.5～44.2 m，场地平均 15.5 m 以上为故黄河泛滥冲积、洪积的粉土、粉质黏土，其下为一般黏性土及老沉积土。

根据场评报告，场地土壤的主要污染物有总石油烃类（TPHs＜C16 和 TPHs＞C16）、多环芳烃类（萘、2- 甲基萘、苊、荧蒽、芘、苯并 [*a*] 蒽、䓛、苯并 [*b*] 荧蒽、苯并 [*k*] 荧蒽、苯并 [*a*] 芘、茚并 [1, 2, 3-*cd*] 芘和二苯并 [*a*, *h*] 蒽）、苯系物（苯和 1, 2, 4- 三甲苯）、苯酚类（苯酚）、联苯胺类（咔唑），以及二苯并呋喃。其中 TPH（＜C16）、苯并 [*a*] 蒽、苯并 [*a*] 芘、苯并 [*b*] 荧蒽、苯并 [*k*] 荧蒽、茚并 [1, 2, 3-*cd*] 芘和二苯并 [*a*, *h*] 蒽的污染比较明显；超过筛选值率分别为 15.64%、12.32%、16.11%、11.37%、10.90%、9.95% 和 9.95%；含量最大值分别达到 65 000 mg/kg、4 030 mg/kg、2 970 mg/kg、3 440 mg/kg、1 980 mg/kg、2 390 mg/kg 和 646 mg/kg，分别是筛选值的 283 倍、4 030 倍、4 500 倍、860 倍、495 倍、598 倍和 979 倍，且浓度平均值均超过场地土壤选用的筛选值。

根据场评报告，场地地下水的主要污染物包括总石油烃类（TPHs＜C16 和 TPHs＞C16）、多环芳烃类（萘、2- 甲基萘、苊烯、菲、苯并 [*a*] 蒽、䓛、苯并 [*b*] 荧蒽、苯并 [*k*] 荧蒽、苯并 [*a*] 芘、茚并 [1, 2, 3-*cd*] 芘和二苯并 [*a*, *h*] 蒽）、苯系物（苯、甲苯、苯乙烯、间 & 对 - 二甲苯、邻 - 二甲苯、1, 3, 5- 三甲苯和 1, 2, 4- 三甲苯）、苯酚类（苯酚、2- 甲基苯酚、3, 4- 甲基苯酚、2, 4- 二甲基苯酚）、苯胺类（苯胺），以及二苯并呋喃。其中 TPH（＜C16）、苯、苯酚、2- 甲基萘、苯并 [*a*] 蒽、苯并 [*b*] 荧蒽、苯并 [*a*] 芘和二苯并 [*a*, *h*] 蒽的浓度最高值分别为 205 000 μg/L、22 800 μg/L、3 270 μg/L、3 460 μg/L、27 μg/L、47 μg/L、19 μg/L 和 2 μg/L，分别为筛选值的 683 倍、2 280 倍、1 635 倍、961 倍、270 倍、470 倍、1 900 倍和 200 倍，且浓度平均值均超过场地地下水选用的筛选值。

1.4　典型焦化类污染地块修复与管控技术应用

通过对国内焦化类污染地块案例进行分析，总结归纳出焦化类污染地块常见的修复技术，主要包括以下几种类型。

焦化类污染地块修复技术：①热修复技术；②化学氧化技术；③洗脱技术；④抽提技术；⑤生物修复技术。

焦化类污染地块地下水修复技术：①抽出 - 处理技术；②抽出 - 注入技术；③吹脱处理技术。

焦化类污染地块风险管控技术：①固化 / 稳定化技术；②阻隔技术。

其中：

热修复技术：主要包括水泥窑协同处置技术、原位电加热热传导热脱附技术、原位燃气加热热传导热脱附技术、原位热蒸气注入技术、原位电阻加热热脱附技术、异位直接热脱附技术、常温热解吸技术、异位堆式热脱附技术、异位间接热脱附技术、水泥窑协同处置技术。

化学氧化技术：主要包括原位化学氧化技术、异位化学氧化技术。

洗脱技术：主要包括异位土壤洗脱技术、原位土壤洗脱技术。

抽提技术：主要包括生物堆技术、多相抽提技术、双相抽提技术、气相抽提技术、原位生物通风技术。

生物修复技术：主要包括生物堆修复技术。

吹脱处理技术：主要包括异位吹脱技术、原位空气曝气技术。

固化 / 稳定化技术：主要包括原位固化 / 稳定化技术、异位固化 / 稳定化技术。

阻隔技术：主要包括渗透反应墙（PRB）或反应带、水泥搅拌桩墙、高压喷射灌浆墙、水泥帷幕灌（注）浆墙、高密度聚乙烯（HDPE）土工膜隔离墙、土 - 膨润土隔离墙等垂直阻隔技术；混凝土水平阻隔、黏土水平阻隔、柔性水平阻隔等水平阻隔技术。

重钢焦化地块修复工艺总体是对有机污染土壤采用原址异位热脱附技术和原址原位热脱附技术，对重金属污染土壤采用固化 / 稳定化异址安全填埋技术，对复合污染土壤采用水泥窑协同处置技术，或者热脱附后固化 / 稳定化异址安全填埋处置技术。

徐州环宇焦化地块修复技术路线如图 1-3 所示。

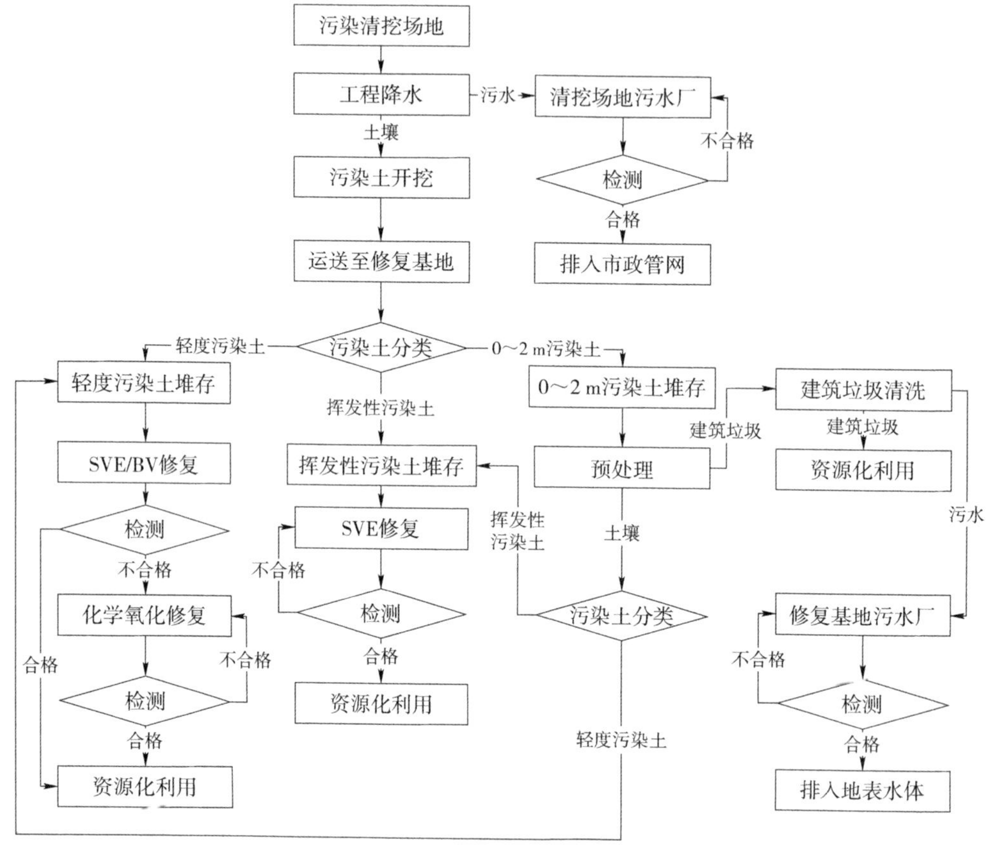

图 1-3　徐州环宇焦化地块修复技术路线

该修复技术路线将修复项目划分为三个主要阶段：污染地下水修复处置阶段、轻度污染土壤修复处置阶段和挥发性污染土壤修复处置阶段。污染地下水修复处置阶段包括污水收集、污水处置、环境监测、排入市政管网。轻度污染土壤修复处置阶段和挥发性污染土壤修复处置阶段包括清挖、转运、预处理、生物通风处置、化学氧化、验收监测、资源化利用。

杭钢焦化污染地块修复技术方案采用原地异位治理与异地处理或处置相结合的修复模式，将超过修复目标值的污染土壤进行清挖，将有机物污染土壤进行原地异位热脱附处理，将铊、镍、锑及高浓度砷等重金属、无机物污染土壤外运至水泥窑进行协同处置；中、低浓度砷污染土壤，根据土壤渗透性进行处置（低渗透性污染土壤外运至砖窑进行协同处置，高渗透性污染土壤进行原地异位淋洗处理）。如经异位淋洗处理的污染土壤中存在有机污染物，则污染土壤在淋洗处理完成后进行异位热脱附处理。修复与管控技术路线如图 1-4 所示。

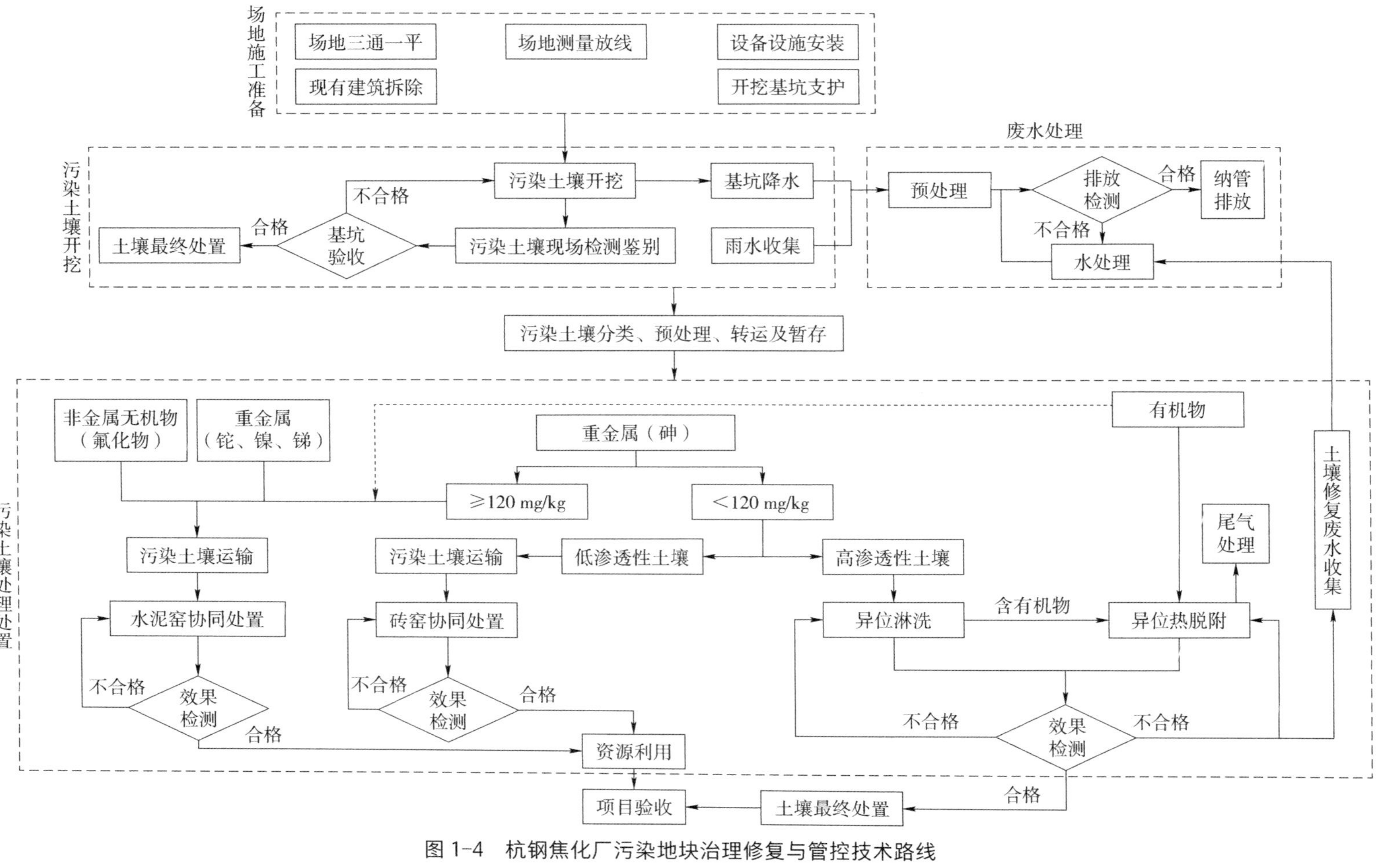

图 1-4　杭钢焦化厂污染地块治理修复与管控技术路线

第 2 章　焦化污染地块治理修复与开发利用模式及评价指标研究

2.1　污染地块治理修复与开发利用国际经验

2.1.1　棕地含义分析

广义的棕地与绿地是一组相对应的概念，棕地是指已开发、利用过并已废弃的土地。“棕地”的概念最早是由美国提出的。1980 年美国颁布的《环境应对、赔偿和责任综合法》（简称《超级基金法》）最早提出了“城市废弃及未充分利用的工业用地，或是已知或疑似受到污染的用地”的处理与责任问题。虽然该法案尚未明确使用“棕地”这个名词，但美国政府开始对“棕地”现象给予高度关注。在北美，最广为接受的棕地概念是美国国家环境保护局（US EPA）和住房与城市发展部（HUD）提出的定义：“棕地是指已废弃、闲置或未被完全利用的工业或商业用地，其扩展或再开发因受现有或潜在的环境污染而变得复杂。”2002 年 1 月通过的《小企业责任减免及棕地再生法》中对“棕地”做出明确定义，“棕地”是指因含有或可能含有危害性物质、污染物或致污物而使得扩张、再开发或再利用变得复杂的不动产。自此以后，“棕地”这一概念在西方国家中传播开来，对棕地的治理、再开发、再利用也逐渐成为各国近年来广受重视的土地利用实践。英国对棕地的外延更广，英国环境保护署认为，棕地是指“被以前工艺陈旧的工业生产所污染，可能会对一般环境造成危害，但有日益增强的清理与再开发要求”的用地。英国的国家土地利用数据库把具有以下性质的土地规定为棕地：①过去已开发且目前闲置的土地；②闲置建筑物；③被遗弃的用地与建筑；④其他当前仍在使用的土地，在适当规划及建筑许可下进行开发；⑤其他当前仍在使用但还有再开发潜能的土地。

参考上述国外的定义内容，可将“棕地”理解为，城镇建设区域内已经开发的部分或全部废弃的、闲置的，可能遭受工业污染，对环境有危害，但具有重新开发与再利用潜力的土地。从上述定义可以看出，“棕地”具有以下特征：①棕地是已经开发的土地；②棕地的部分或全部遭废弃、闲置或无人使用；③棕地可能遭受工业污染；④棕地的重新开发与再利用可能存在各种障碍。

2.1.2 棕地再开发利用的重要意义

工业区衰退和城市产业结构调整所导致的城市土地利用价值改变是棕地形成的主要原因。在西方，由于产业革命的影响及城市经济的发展，城市产业结构退二进三，工业区从城市外迁，早期的城市工业区开始衰退并失去利用价值，逐渐成为被废弃、闲置或利用率很低的用地，即棕地。典型的棕地如美国的铁锈地带，奥克兰、洛杉矶等重工业城市地带，由于城市产业转型而使得市内一些大型钢铁工厂倒闭、荒废和闲置。在环保及可持续发展思想的影响下，一些重污染企业纷纷调整区位或转产，原厂址也成为棕地。除了以前的衰落和受污染的工业地区，废弃的加油站、干洗店等商业设施、垃圾处理站、储油罐、货物堆栈和仓库、铁路站场等，都可能是潜在的棕地。这样的场所很多位于城市内部，其破败会造成土地闲置、社区衰退、环境污染、生活品质下降、人员失业、城市空间破碎等不良后果，对城市的经济、社会、环境等产生不利影响。对上述地区的清理整治与再利用虽然任重道远，却是城市可持续发展与城市复兴的必然需要。棕地的负面影响主要表现在对城市环境和城市经济的影响等方面。

（1）棕地对城市环境的负面影响

传统工业的飞速发展对城市的发展起到了积极的作用，与此同时，其高消耗、高污染排放的特征体现了过度消耗着自然资源；工业生产过程中产生的大量废物排放到自然环境中，形成了大量城市棕地。比如，工业生产冶炼排放的重金属、放射性物质，农业生产中的农药残留，石油化工泄漏的污染物，矿业废料等各种类型的污染物，不及时对它们进行清理整治，将向上通过空气扩散，向下渗入土壤和地下水，打破城市的生态平衡，破坏城市环境，最终导致人的身体健康受损。

（2）棕地对城市经济的负面影响

城市棕地往往处在城市的中心关键区域，这些区域都对城市有着巨大的经济、社会、生态价值。棕地本身存在的污染风险使其无法直接作为理想的商业和居住用地，无法发挥其处于城市中心地带的经济优势，进而影响城市整体的投资环境和可持续发展。同时，这些地区往往容易藏污纳垢，犯罪率飙升，影响城市治安。

棕地经过治理，可以被开发成各种用途的用地，这一治理与开发的综合过程称为棕地再开发。成功的再开发可以把棕地变为零售商业区、住宅区、轻型无污染工业区、办公区、交通枢纽站、公园、广场、展览馆、学校等各种用途的用地。其目的在于土地的再生循环使用，从而达到城市土地的可持续利用。过去棕地的投资环境不佳，担心该类土地可能遭受工业污染，致使投资过高、收益过低、责任过多、风险过大、开发时序过长。此外，还可能出现区位不好、基础设施不完善、周围居民投诉等诸多问题。投资者、开发商、建造商、私人业主等很少有意愿涉足这类麻烦用地的再利用。但从国家和地区的整体和长远利益来看，棕地再开发具有缓解环境压力，刺激经济增长，改善现有城区的环境、交通与服务设施，使老旧城区焕发新的活力，使城市空间完整化等诸多效益。因此，各国都把对棕地的治理改善以及再开发和利用作为政府要务，其中，以美国和英国为推行棕地再开发战略的中坚力量。

棕地再开发是最能体现综合效益的可持续发展。在环境问题上，棕地再开发既改善了已开发地区的环境，也保护了未开发地区的环境；在发展问题上，既减轻了绿地的开发压力，也使城市衰落地区得到再生与发展的机遇。因此，棕地再开发是寻求经济发展与环境保护“双赢”局面的切实可行的城市可持续土地利用战略。棕地在城市内部，会造成土地闲置、环境污染、失业率上升、城市景观破碎等问题，对城市的经济、社会、环境等产生不利影响。棕地的治理与再开发是城市可持续发展与城市复兴的必然，其可以缓解土地利用压力，集约节约利用土地，刺激经济增长。棕地经过治理以后，可以被开发成各种用途的用地，包括公园广场、展览馆、商业区、办公区和住宅区等，使土地达到再生循环利用的目的，如中山岐江公园旧船厂遗址改造再利用、北京 798 工厂再利用和沈阳铁西工业区的改造等。这些地块改造案例证明，棕地可以改善城区环境和服务设施，对城市经济的可持续发展具有重要的现实和长远意义。

2.1.3 发达国家（地区）棕地管理经验分析

2.1.3.1 发达国家（地区）棕地开发建设主要经验

美国是棕地再开发策略最积极的倡导国和实践国，经过十多年的实践，成效卓著。美国各级政府、相关利益团体和私人企业之间密切合作，形成了一个棕地再开发的成熟运行机制，这是其成功的关键。美国市长联合会对美国 231 座城市的调查统计显示，棕地再开发使美国新增 55 万个就业机会和 24 亿美元的赋税收入。这一巨大成功与政府从法律、金融、政策等方面对这一策略的大力扶持有很大关系。

美国国家环境保护局是美国在棕地再开发上的核心力量和最高指导中心，于 1995 年 1 月发布了《棕地行动议程》，借以改善投资环境，鼓励私人投资者进入棕地再开发领域。除美国国家环境保护局外，美国的住房与城市发展部、商务部经济发展局、交通部、小企业主利益保护局、陆军工兵军团等联邦部门、组织、机构，也通过多种举措支持棕地的修复与再利用。除由美国国家环境保护局直接负责的重污染棕地外，污染较轻的棕地由州政府负责。各州政府通过自主清理计划实施对棕地的清理，除需要符合国家环境保护局的某些标准这一共同点外，这些计划在很多方面因具有每个州的立法、财政等方面的特质而各不相同。为了与地方政府的治理政策相协调，美国国家环境保护局还与 14 个州政府签署了备忘录，目的是使政策与标准不发生冲突，并给予地方充分的信任和自主权。私人开发商则在各级政府的政策扶持下对棕地进行投资，通过治理、规划和重建等手段对其进行再次开发利用。其他研究机构和非营利组织则通过技术支持方式对再开发进行协助。因棕地再开发有益于社区复兴，社区民众通常也积极响应及参与再开发项目的实施过程。

英国把对棕地的重新利用放在优先考虑的位置上，以此提升城市环境质量，减轻乡村土地开发的压力。英国可持续发展战略的目的是促进社会进步、保护环境与自然资源，并维持一个较高的经济增长率。英国的棕地再开发有很高比例集中在住宅开发建设利用上。政府于 1998 年制定了两个定量性目标：一是到 2004 年，棕地要以每年至少 1 100 hm^2 的速度进行改善；二是到 2008 年，要有 60% 的新建住房或已有住宅翻建需在棕地上进行。第二个目标在 2000 年已基本实现。有学者研究表明，英国棕地再开发宏观目标之所以能够提前完成，开发商得到适用于开发的土地和政府政策的扶持是两项关键的因素。英国的环保法律对棕地的清理责任做了限定，减少了条条框框的约束与过多强制性清理义务，以免对房地产市场产生负面影响。

欧洲方面，在欧盟委员会（简称欧委会）引导下，欧洲各国政府通过国家援助、大区域范围内的规划、公私合作治理、半官方机构处理被遗弃地产及大规模资助治理计划等方式，在棕地治理与再利用方面扮演了积极的角色，并且取得了相当大的成效。尤其在欧盟的传统工业大国中，传统工业区的棕地问题在过去十多年引起了各界的高度重视。据粗略估算，欧盟 27 个国家中约有疑受污染地块 350 万处，其中 5 万处受污染严重，亟需进行整治。欧盟把土壤保护战略列入其第六次环境行动计划的七个主题中。欧委会于 2002 年报道了通讯“面向土壤保护的主题战略”，论述了进行更好的土地保护的必要措施，这对制定国家级的土壤战略，尤其是棕地再开发具有深远的影响。2006 年 9 月，欧委会出版了《土壤保护主题战略》，这为欧盟出台综合的土地保护政策奠定了基础。意大利政府在欧委会批准下对其境内的托斯卡纳地区的棕地治理实施了国家援助，主要针对受污染的工业地区，金额达 1 000 万欧元。荷兰也在同样的机制下对南荷兰省的炼油厂污染治理实施了国家援助，分三期推进实施。两项国家援助在治理费用中所占百分比，按规定都不高于 50%。

随着城市发展、产业结构调整、城市经济结构转型，城市的布局和面貌都发生了非常大的转变，传统工业遗留下来的大量棕地已经成为城市可持续发展的制约。城市的棕地问题研究、棕地的修复再利用必须符合城市的总体规划，符合当地的生态和社会环境，寻求经济、物质、环境的平衡，以最优的方式赋予这些棕地新的价值和功能。概括起来，发达国家城市棕地的开发建设用途主要包括城市公共活动空间、新型创意文化产业区、新型社区以及工业遗产观光旅游展览用地等。

（1）开发建设成为城市公共活动空间

随着城市的发展和人们生活质量的提高，对城市公共活动空间的需求也越来越高。合理修复改造城市棕地，将有效解决城市土地资源紧张、公共活动空间不足的问题。如今，这种棕地利用模式变得越来越多，特别是在城市的中心区域，包括建设成为绿色道路、城市公园、街头绿地、户外休闲场所等。

（2）开发建设成为新型创意文化产业区

快速工业化时期留存下来的大量厂房和仓库，往往占据着城市中心这一有利位置，这些建筑具有宽敞的内部空间，空间组织比较自由，并且其本身的污染较轻、租金较低。其中蕴含的工业气息为艺术工作者提供了很好的灵感来源。

（3）开发建设成为新型社区

部分棕地处于城市的核心位置，其周边的医疗购物及相关服务设施都比较完善，交通便利，污染情况较轻或者未受到污染，只是被废置，未加利用。随着城市的发展，城市周边的土地价格飞速上涨。此类棕地因为有相当完善的生活条件，比较适合改造成新型社区，充分实现棕地本身的经济价值。

（4）开发建设成为工业遗产观光旅游展览用地

工业遗产观光旅游展览用地是在废弃的工业旧址上，将原有的机器、生产设备、厂房等进行改造修复，使其可以向人们展示工业文明和历史文化的魅力与内涵。通过建博物馆、主题餐厅、主题公园等，使这些工业时代气息浓厚的大型机器、厂房在排除安全隐患的情况下，保持原有的场地风格基调，向游客诠释工业文化和历史沿革。

分析认为，西方国家在棕地再开发上的成功有两个非常重要的因素，一是政府在财政、法律、税务等方面的积极政策支持；二是私人投资者和业主的大量参与，并且后者需要通过前者才能发挥作用。在推进过程中，投资者与开发商的主要顾虑有：因存在治理费用而使开发成本过高；因（可能）存在污染治理而使相关法律责任过重、开发周期加长；缺乏相关的污染治理信息、知识与技术；审批手续过繁、时间过长；缺乏政府的政策引导和支持等。但由于优先开发棕地是政府在土地利用方面的宏观战略，政府会通过种种手段减少投资风险和投资成本来鼓励私营房地产企业和建设者参与，这样便形成了政府与私人企业在棕地问题上的博弈，而“双赢”的局面是双方都乐于见到的。

2.1.3.2　开发建设案例与修复模式分析

对于棕地的修复与再开发，欧美发达国家在法律制定、资金保障、再利用规划等方面积累了宝贵经验，棕地再开发已在社会经济、生态景观等方面产生了巨大的效益，被这些国家认为是后工业化城市可持续发展及土地资源高效利用的必由之路。下面对伦敦奥林匹克公园、美国西雅图煤气厂公园、英国曼彻斯特科技园、德国鲁尔工业区、加拿大约克维尔公园等棕地开发建设的案例及其形成的修复模式进行初步分析。

（1）伦敦奥林匹克公园棕地修复与开发建设案例及模式

伦敦奥林匹克公园选址区域位于伦敦东部，与斯特拉特福德市相邻，占地面积超过 2.3 km^2，所在的场地约占整个下利亚山谷振兴区总面积的 1/5，两侧分布着 2 km 长的利亚河河段。该区域作为老工业区，承受了数十年的严重污染。这块土地上的工业污染物包括石油、汽油、焦油、氰化物、砷、铅和一些非常低含量的放射性物质，并且已有大量有毒工业溶剂渗入地下水，一些重金属甚至渗入地下 40 m 的地下水和基岩中。随着制造业的崩溃和地区经济的不断衰落，该片区也逐渐衰退，直到 21 世纪初伦敦迅速发展，该处距伦敦市中心仅 8 km 的城市洼地受到了大家的关注。城市向东扩展为整个都市区的再生提供了机会，这也是自维多利亚时代以来最大规模的城市发展机遇。奥林匹克公园选址于此，旨在通过这一项目改造老城区，体现环保及可持续发展理念，达到振兴伦敦东部的目的。

实施详细的调查评估和土壤治理修复与长期的自然修复。2006 年 10 月起，伦敦政府就对选址区域的污染情况开展了多次现场调查，制订详细的恢复生态计划，其中最重要的就是对土地上 200×10^4 t 的土壤进行“解毒”。首先，将区域内建筑全部拆除，其中按重量计算，97% 的材料被回收，投入重新利用。按照英国环境保护署的指引，少量包含低含量放射性物质的泥土被安全填埋在该区域内一座桥梁路堤下的洞穴内。其次，对接近 200×10^4 t 的受污染土壤使用泥土清洗和生物降解法等技术进行修复。在奥林匹克公园内建起了两座土壤修复工厂，将有毒的土壤挖起后分离沙子和碎石，然后清洗提炼出污染物，之后用超大“电磁铁”分离重金属。清洗完的土壤，通过测试和实验室的检测评估其清洁程度，达到“干净安全”的标准后重新投入使用。在完成土壤修复之后，通过科学的生态规划设计对场地内现有的植被结构与植物品种进行详细的现场评估，彻底清除场地内的外来入侵物种，再遵循本土植被低维护优先的原则，在场地内种植了 4 000 棵乔木、灌木，以及超过 30 万株的湿地植物。这些植物将持续性地滋养修复后的场地土层，进一步降低原棕地土壤中的污染物残留。

带动片区新发展、新区建设的开发再利用。生态修复后的场地作为城市建设的重要区域，将 2012 年伦敦奥运会的赛时及赛后规划紧密结合，同时进行。作为 2012 年奥运会和残奥会的主赛区，建设包括比赛场馆、奥运村等功能区域。奥运会结束后，一些主要的体育场馆如奥林匹克体育场继续使用，而临时场馆用地将成为未来城市发展的建设用地，在伦敦的东部建造一个通畅、生活便利的新城区。规划以多用途为目标，除了奥运村内的住宅，还有 1 万～1.2 万套新住宅、超过 11 hm^2 的商业空间、3 所小学、1 所中学和位于奥林匹克体育场内的国家体育专业培训学校。另外，还有艺术学院和奥运村内的小学、克尼域的国际媒体和广播中心附近的新商业和高等教育中心，以及其他医疗保健、训练和社会文化设施。

（2）美国西雅图煤气厂公园棕地修复与开发建设案例及模式

1906 年，在美国西雅图市联合湖北部的山顶，西雅图石油公司修建了一座主要用于从煤和石油中提取汽油的工厂。到 1956 年，由于铺设了一条天然气供应干线，这座庞大的工厂便被废弃了。由于工业生产及排放等因素，该场地的土壤毒性很高，并且含有多种污染物。工厂废弃后，鉴于旧煤气厂所在地的生态环境质量极差，严重缺乏绿色空间，西雅图市政府决定买下工厂所在地，将它改建为城市中央公园。

实施系统治理与长期监测相结合的修复模式。通过对项目场地的勘测发现，挖掘至地下 18 m 仍有污染存在。因此，对该场地的土壤污染治理采用了生物降解和深层耕种的方法。针对污染严重的表层土壤，直接清除处理；针对被二甲苯等污染的深层土壤，通过分析土壤的污染成分，采用生物和化学法，引入酵素和其他有机物质进行原地降解土壤污染。同时，针对工业废弃地恶劣的环境，在植物选择方面，选择生长快、适应性强、抗逆性好、成活率高的植物；优先选择具有改良土壤肥力的固氮植物，尽量选择当地优良乡土植物和先锋植物，通过植物生态系统的再造，进一步改善场地的生态环境。在西雅图煤气厂公园建成后，当地政府对该场地进行了长期监测，发现问题后，又采取了新的治理措施。1984 年，从煤气厂公园所采集的土样与水样检测中发现多种污染物，当地政府一度关闭了煤气厂公园，禁止公众进入。1985 年，场地中污染最严重的区域被覆盖上约 30 cm 厚的新土。20 世纪 80 年代中后期，西雅图市政府持续不断地对煤气厂公园的场地进行环境评估，并尝试可能的污染治理方案。2000 年 11 月至 2001 年 6 月，公园再次被关闭，开展环境清理工程。公园内的绝大部分地表被覆盖上一层保护性隔离层，其上又覆盖了 60 cm 厚的干净表层土，并增设了灌溉系统。场地中设置了空气喷射与土壤气相抽提系统（SVE），以便对土壤及地下水中残留的苯污染进行清除。西雅图煤气厂公园的生态修复过程已有 50 余年，目前仍处于监测与治理的过程中。

公共空间与工业遗迹保护式再利用的开发建设模式。景观上尊重历史和环境，充分利用工厂现有的资源进行设计，而不是把这些资源、元素从记忆中抹去。利用基地现有的资源，从已有的元素出发进行设计，经过有选择地删减后，剩下的工业设备作为巨大的雕塑和工业遗迹被保留下来。石油塔的保留展示了原场地的工业化遗产，这种在场地内引入新秩序的同时展现原有工业历史的做法，在棕地改造设计中获得了成功应用。

（3）英国曼彻斯特科技园棕地修复与开发建设案例及模式

曼彻斯特科技园坐落于曼彻斯特的南部，于 1984 年正式对外开放。该区域自工业革命以来，就是英国社会新技术、新产业发展的先进代表，目前已成为工业经济向服务业经济过渡的典型代表。该科技园所处区域为旧工业场地，主要发展棉纺织产业及运输行业。由于长久无规模经营及缺乏监管，场地中出现大量污染物，以重金属、氯代有机物为主。

采用覆土隔离与植被修复相结合的治理模式。建设开始前，政府首先组织对场地进行踏勘监测，选定主要评价因子作为污染场地调查和修复的依据，制定相应的生态修复策略。针对重金属和氯代有机物的污染情况，主要采取覆土隔离加植被修复的手法进行治理。同时，在修复的过程中采用渐进式策略，根据园区开发的时序分片区进行治理，并根据用地开发功能随时调整修复策略，以增加规划弹性。

产业升级式的土地再利用开发建设模式。曼彻斯特科技园的设计目标是将该科技园建设为以知识、创意、高科技为发展动力的创意园区。采用“一区三园”的形式，分为“One Central Park”、“Techno Park”、“Manchester Science Park” 三大园区。最高三层办公楼，最低一层办公楼。其中，“One Central Park” 面向快速成长的技术类企业，类似国内的孵化器物业。“Techno Park” 则配备了最为高端的办公楼，提供最复杂高端的 IT 设备，可作数据中心用。“Manchester Science Park” 则适合各类企业办公，且配有商务服务、休闲娱乐、健身等设施。

（4）德国鲁尔工业区棕地修复与开发建设案例及模式

德国鲁尔工业区成功的棕地再开发案例已成为各国借鉴的对象（德国的鲁尔

工业区和萨尔工业区曾是世界上最强的工业区，也是德国经济的中心。后工业时代，传统工业衰退，这里也成为欧洲棕地最集中的地区）。鲁尔工业区所在的地方州政府计划将其衰败的北部发展成为以景观公园为主的综合商住区。为此，举办了具有竞标性质的埃姆歇国际建筑展（IBA），征集各种改造设计方案，并于1988年成立了一个开发机构，管理和主持整个计划。项目开发由公共和私人部门合作进行，资金则来自州政府。这一再开发项目进行了10年，共投资20亿美元，成功地使2 000多hm^2棕地再生，既保护了当地丰富的工业遗产，也促进了文化产业的发展。除了这种“根茎式”（独立项目通过无形原则和质量标准网络联系在一起，并由独立改革机构组成的网络进行推动）的运作模式，还有自上而下的“国家援助”（State Aid）模式。

德国鲁尔工业区注重生态环境改善与空间布局调整。政府注重市民环保意识的提升，积极发展新能源产业，鼓励在工业原址植树绿化。同时，因地制宜采用“多中心结构紧凑”的再开发战略。一方面，在资源配置和资本投放均衡的前提下，支持土地混合使用，将各项服务功能与居住区紧密联系，有效地缩短了通勤距离；另一方面，不断完善基础设施和公共服务建设，以“公交廊道＋节点”的网络组织模式减少汽车的环境负外部性，提升公交系统的竞争能力，营造良好的投资环境。

（5）加拿大约克维尔公园棕地修复与开发建设案例及模式

加拿大多伦多约克维尔公园占地面积约为0.36 hm^2，位于多伦多市中心以北的老城区。公园在重塑周边地区活力上扮演着非常重要的角色，吸引新的社区和商业建筑在此聚集。该项目于2012年获得ASLA地标优秀奖。该基地建设计划可追溯到20世纪50年代，因地铁线路建设，多伦多政府计划将街区上的联排房屋拆除，并改造为停车场。相关调查显示，该基地的污染物主要包括重金属、石油、焦油及润滑剂，大量有毒的工业污染物已经渗透到土壤和地下水中，使基地的生态环境受到严重破坏。通过绿地工程、多伦多的公园规划、森林建造等将此污染地块规划设计为城市高密度地区的街头公园。该公园坐落在两街区交会处，将约克维尔20世纪的联排房屋与布卢尔街区的商业大楼连接起来，为众多来自社区、商业楼和公园的人群服务。

采取覆土掩埋与植被修复相结合的治理模式。自1994年停车场停止使用起，多伦多市政府便组织对基地的污染情况进行现场勘查，制订详细的生态修复规划。在项目前期，项目组根据多伦多棕地地块目录清单，通过设计问卷调查，结合公众意愿等制定了修复策略。随后，通过特定场地风险评估法（SSRA）制定治理标准，测评并进行最低治理成本估算，选择使用混凝土、土壤或其他材料，将污染物就地掩埋。覆土后，引入加拿大松树、桤木等本国物种，形成独特的生态环境。

约克维尔公园的设计目标是，建设高密度城区下的高品质休闲娱乐绿色公共空间。通过减少周边城市环境的干扰，充分利用当地植被、水体和岩石，建造不同于城市景观的花园景观，以承担多样化的社会功能，激发场地活力。公园被划分为 5 个线性花园，花园沿着周边 19 世纪建筑物的地界线而建。每个线性公园设置为一种不同类型的加拿大景观主题，如加拿大松树林中的开放区和密集的种植空间有节奏地交替变换，4 m 高的雨帘喷泉及钢架元素穿梭于公园中，营造了多样又富有个性的公园环境；裸露岩层和可移动的桌椅形成对比，在为行人提供休憩场所的同时，增加了园区的灵活性。虽然各个花园营造了不同的空间氛围，但是整体采用维多利亚时代的风格和半独立式开放空间的格调，保证了公园的多样性和统一性。约克维尔公园的建设营造了社区的环境美感，刺激了周边经济的复苏，增强了社区感和空间感。整个公园建设的所有工程由政府公共部门组织实施。在项目实施后，政府公共部门根据环境修复和验收技术标准，通过土壤抽样检测等方法进行后续环境安全监测管理；通过社区居民参与决策，加强政府公共部门与私人投资者的合作，在控制公园管理带来的成本及风险问题方面发挥了至关重要的作用。

2.2　我国污染地块安全开发利用模式分析

2.2.1　我国污染地块安全开发利用要求的提出

《中华人民共和国土壤污染防治法》规定：“省级人民政府生态环境主管部门应当会同自然资源等主管部门对风险管控效果评估报告、修复效果评估报告组织评审，及时将达到土壤污染风险评估报告确定的风险管控、修复目标且可以安全利用的地块移出建设用地土壤污染风险管控和修复名录，按照规定向社会公开，并定期向国务院生态环境主管部门报告。”根据上述规定，达到土壤污染风险评估报告确定的风险管控、修复目标的建设用地地块，才可以进行开发建设活动，该地块才能实现“环境安全”前提条件下的开发利用。全面推进土壤污染防治在我国虽处于加速发展阶段，但仍缺乏对污染地块安全开发利用及模式构建方面的研究。2018 年，国家“场地土壤污染成因与治理技术”重点专项支持了“京津冀及周边焦化场地污染治理与再开发利用技术研究与集成示范”项目，该项目提出开展“场地污染治理修复与安全开发利用新模式”的研究任务。如何定义“污染地块安全开发利用模式”，如何评价开发利用的安全性就成为应解决的首要问题。

对工矿企业遗留用地进行再开发利用是城市可持续发展的重要途径。城市化进程的快速推进使得城市建设用地需求大幅增加。在土地资源紧缺背景下，污染地块再开发利用不仅可以推动经济发展和改善城市生态环境，还可以促进低效废弃地再利用，优化土地利用结构，盘活存量土地资源。2012 年，环境保护部等四部委发布了《关于保障工业企业场地再开发利用环境安全的通知》（环发〔2012〕140 号）。自此，污染地块再开发利用得到了国家层面的关注。2016 年，国务院发布实施《土壤污染防治行动计划》，提出到 2020 年，污染地块安全利用率达到 90% 以上；到 2030 年，污染地块安全利用率达到 95% 以上的目标要求，“污染地块安全利用”得以正式提出。

2.2.2 已有技术导则的分析

在我国土壤污染防治法律、法规和标准等各类文件中，尚未正式提出“污染地块安全开发利用模式”这一术语。2018 年，生态环境部会同相关部门共同发布的《土壤污染防治行动计划实施情况评估考核规定（试行）》中，提出了“污染地块安全利用率”的计算方法。污染地块安全利用是指污染地块经过修复并通过效果评估、获取了建设工程规划许可证的地块。也就是说，该污染地块对人体健康的风险已经在可控范围内，该地块可以投入开发建设和利用中。在规定中并未从技术上给出“安全”的概念和内涵要求。查阅近年土壤污染治理修复、开发利用模式等方面的文献，发现在污染地块安全利用模式、污染地块安全开发利用模式方面的科研文献较少。2016 年，环境保护部南京环境科学研究所的龙涛研究员在“基于风险管控的污染地块修复模式概述”中，提出了“污染地块修复模式”的概念，认为“污染地块修复模式”是污染地块风险控制的总体策略，是为控制、削减地块风险，保证土地安全再利用所采用的工程和管理的总体思路。“修复模式”具体形式包括原地修复、异地修复、异地处置、自然修复、污染阻隔、居民防护和制度控制，以及以上方法的有机结合。该文献进一步分析了基于污染源削减的修复模式（异地修复、异地处置，以及原地修复和监控自然修复等具体模式）、基于暴露途径阻隔与受体防护的修复模式（具体包括污染阻隔、人群防护与制度控制，以及改变用地方式）两大类模式，提出在确定修复模式后再进一步比选和确定具体的修复技术。2019 年，生态环境部发布的《建设用地土壤修复技术导则》（HJ 25.4—2019）中提出了“修复模式”这一术语。根据该导则，“修复模式”是指“对地块进行修复的总体思路，包括原地修复、异地修复、异地处置、自然修复、污染阻隔、居民防护和制度控制等，又称修复策略”。2020 年，北京市生态环境局发布了《建设用地土壤污染修复方案编制导则》（征求意见稿），提出进行“修复策略”的研究和确定，定义“修复策略”为，根据地块条件、地块概念模型、地块修复目标，确定地块修复模式。地块修复策略应明确修复方式（包括治理修复和风险管控方式中的任意一种及其组合）、修复介质与范围、目标污染物、修复目标值 / 风险管控目标。2019 年 11 月，生态环境部组织召开了土壤环境管理新闻发布会，提出在污染地块风险管控与治理修复方面，重庆等地探索了“源头治理 - 途径阻断 - 制度控制 - 跟踪监测”的风险管控模式，北京等地探索了“合理规划 - 管控为主 - 有限修复”的安全利用模式，江苏苏州等地探索了“原位为主 - 控制开挖 - 防控异位”的修复模式。通过该表述，可将修复技术模式理解为某种技术或者某几种技术的有机组合，组合过程中突出了技术特点和防控重点。

通过上述文献可以看出，“模式”总体可理解为一套综合解决对策（策略）。对“污染地块安全开发利用模式”这个词语进行分析，“污染地块”转变为“开发利用”，其目标或者说衡量标准是安全性，在“安全”目标下采取的所有对策，就是“污染地块安全开发利用模式”。由此，对污染地块“安全”的理解，就成为模式研究的核心内容。

2.2.3　安全开发利用的广义与狭义内涵分析

污染地块要实现安全开发利用，覆盖的范围和影响因素是多样化的，这是由地块污染特点和地块修复的特点决定的。首先，土壤污染的隐蔽性、不均一性等特点决定了土壤污染状况的调查其实是贯穿在地块从调查评估到修复工程实施等开发利用全周期过程中的，不仅仅是在前期调查评估阶段开展土壤环境调查。其次，作为污染载体的土壤，其本身具有不均一性，导致土壤修复后的效果也具有一定的不确定性和不均一性。这时，修复技术的合理选择就非常重要，与技术相关的技术方法、工程参数、技术集成等就成为技术选择阶段非常重要的内容。因此，对污染地块安全开发利用的理解，可以分为广义和狭义两种类型，广义的“安全”需要覆盖修复工程实施的全过程，狭义的“安全”重点是指在修复技术的比选确定和工程实施阶段。两种不同理解形成了两种不同的污染地块安全开发利用模式，即广义和狭义两种模式。下面，分别阐述两种模式的内涵。

2.3 广义的“安全开发利用模式”内涵分析

污染地块要实现以“安全”为根本目标的风险管控或修复是一个复杂的系统工程，需要从污染地块的规划定位开始，涵盖污染调查、风险评估、方案编制、工程实施、效果评估、后续跟踪管理等全过程，以及确保“安全”目标实现的制度性保障，包括工程监理、环境监理等活动，“安全”与否与每个过程都有关联性。因此，覆盖污染地块安全修复全过程的模式是广义的安全性模式，该模式由七个方面构成，包括合理的规划定位、精细的污染调查、科学的风险评估、最优的修复策略、多技术耦合式的环境修复与风险管控工程、有效的二次污染防治、后期持续合理的监管监测等。所以，从广义上讲，要实现污染地块安全开发利用，必须从这七个方面共同发力，缺一不可，且七个方面是环环相扣的，前一内容也是后一内容的前提和基础。这七个方面共同构成了广义的污染地块安全开发利用模式。

下面对这七个方面进行具体分析。

1）实施合理的规划定位：这是实现污染地块安全开发利用的方向引领。结合地块利用历史、现实状况，确定污染地块的规划定位，以规划为统领，实现污染地块安全开发利用。

2）开展精细的污染调查：这是实现污染地块安全开发利用的基础。通过污染识别、详细调查，以及必要的补充调查，精准明晰地确定土壤及地下水的污染因子、范围及程度。

3）实施科学的风险评估：这是实现污染地块安全开发利用的保障。根据地块环境污染特征及周边敏感点分布特征，结合污染地块未来的规划用途，评估地块利用对人体健康和生态环境的风险，得出该地块风险可接受条件下的管控目标。

4）筛选出最优的修复策略：这是实现地块安全开发利用的技术支撑。结合污染地块区域特征、开发定位、污染物类型、污染物分布特征等因素，筛选出某种或者某几种修复技术，确定最优的修复策略。

5）实施多技术耦合式的环境修复与风险管控工程：这是实现地块安全开发利用的关键举措。根据预定的修复（管控）目标，结合水文地质条件特点、工程实施周期、预算经费等要求，通过比选确定并实施一套适用于特定污染地块的风险管控与修复的综合工程措施。

6）开展全面有效的二次污染防治：这是实现污染地块安全开发利用的内在要求。污染地块安全开发利用过程中不能形成新的污染，这是《中华人民共和国土壤污染防治法》提出的重要要求。当前，我国开展污染地块修复或管控活动中，各级环境监管部门均将二次污染防治监管作为工程项目监管的重要内容，通过环境监理和工程监理的实施，督促工程实施方切实落实二次污染防治各项措施，确保不形成新的二次污染。

7）落实后期持续合理的监管监测：这是实现地块安全开发利用的持续保证。为确保工程实施后稳定实现预期的修复目标，以及采用自然修复方法（如自然衰减法）进行管控，都需要在工程实施达到一定的目标之后，继续采取一定的工程、管理、监测、评估等方面的措施，以保障“安全”目标的持续实现。

从上述七个方面共同认识广义的污染地块安全开发利用模式，有助于各级生态环境主管部门建立一套全过程的、系统的污染地块管理体系，覆盖污染地块管理的各个环节，并清晰认识到各个环节的管理要求，以及在实现污染地块安全开发利用这个目标下各个环节的定位和应发挥的作用。同时，由于上述七个方面的要求链条较长，为进一步突出污染地块安全开发利用中土壤环境修复技术的主导作用，还需进一步分析狭义的污染地块安全开发利用模式的含义。

2.4　狭义的“安全开发利用模式”内涵分析

2.4.1　内涵分析

狭义模式主要集中在技术方案比选和工程实施阶段，突出实现“安全”目标的修复或者管控技术选择的方法和策略。目前，国内相关法律、法规、规范中，尚未出现对狭义的“污染地块安全开发利用模式”含义的阐释。本研究第一次对“污染地块安全开发利用模式”进行定义。

本研究将狭义的“污染地块安全开发利用模式”定义为：以土地未来规划用途为先导，结合土壤和地下水污染特征以及特定的水文地质条件特点，采取适合于分位、分期、分区、分层的多种修复与管控技术组合，从技术、工程、管理三个方面，实现技术可靠性、经济成本合理性、二次污染控制绿色性、工程组织实施高效性和跟踪监管持续性五个方面的要求，使污染物浓度降低、毒性减小或完全无害化，从而形成一套包含修复策略和技术特点在内的综合性的污染地块治理修复或风险管控的总体技术策略。

通过上述表述可以看出，狭义的污染地块安全开发利用模式表现为总体技术策略。该策略包括两个方面，即修复策略和技术特点，共同构成了“污染地块安全开发利用模式”的内涵。

（1）修复策略

修复策略即“分位、分期、分区、分层”的修复策略。在充分分析不同污染物类型的基础上，开展分位、分期、分区、分层的修复策略的设计和实施。一个污染地块明确好如何分位、如何分期、如何分区、如何分层后，形成特定污染地块的修复策略，该修复策略即可形成狭义的“污染地块安全开发利用模式”的第一层含义（图 2-1）。

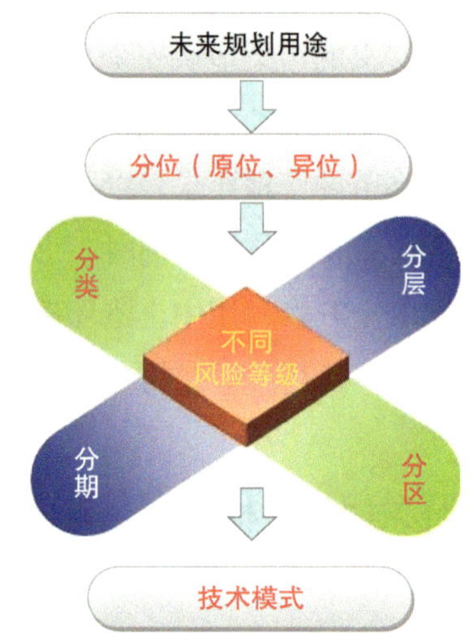

图 2-1　狭义的污染地块安全开发利用模式

（2）技术特点

技术特点可以从五个方面进行衡量和判断，即技术可靠性、经济成本合理性、二次污染控制绿色性、工程组织实施高效性、跟踪监管持续性。这五个方面共同构成了“污染地块安全开发利用模式”的第二层含义。

2.4.2　修复策略分析

总体修复策略，即在充分分析污染物类型和特点的基础上，确定分位、分期、分区、分层四个方面的具体选择。污染物类型的不同决定了采用不同的管控或者修复技术类型。包括有机污染物、无机污染物等污染物类别，其中有机污染物还需进一步区分为挥发性、半挥发性、有机农药、石油烃类等不同类型的有机污染物，需要注意高密度非水相液体（DNAPL 物质，如三氯乙烯、三氯乙烷、四氯乙烯等）和低密度非水相液体（LNAPL 物质，如汽油、柴油等烃类油品物质）；无机污染物还需进一步区分为六价铬、砷、汞等不同类型的无机污染物。

（1）分位

原位或者异位，或者原位异地等。这是首先应考虑的问题。需要结合修复周期、难易程度、平面布置等因素，选择是在地块范围内的原位修复或者原位异地修复，还是在地块范围外的异位修复。

（2）分期

考虑污染类型不同、治理修复资金制约、技术成熟性不同、开发建设紧迫性不同等因素，将一个污染地块划分为不同的区域，形成不同的分期修复方案。不同的分期方案也会在一定程度上影响技术选择，随着行业技术不断进步，选用的技术和装备也会不断升级。

（3）分区

考虑不同的污染物类型、不同等级的污染程度等因素，从而形成水平方向上不同的分区。针对不同区域采用不同的管控技术或修复技术。

（4）分层

纵向方向上考虑土壤性质的不同、污染类型不同、污染程度不同、开发利用深度不同等因素，从而形成不同的污染分层。不同层级上采用不同的修复或者管控技术。

从分位、分期、分区、分层四个方面确定相应的方案后，共同构成一个完整的修复策略方案，从而形成“污染地块安全开发利用模式”的一个重要组成部分。

2.4.3　技术特点分析

“污染地块安全开发利用模式”应具有一定的内涵，该内涵应具有下述五个方面的技术特点，或者说可从五个方面进行评价。

（1）技术可靠性

技术可靠性是指采取的污染土壤和地下水风险管控技术或者修复技术的可靠性和有效性，应能够实现预期的管控目标或者修复目标。

（2）经济成本合理性

经济成本合理性是指处置单位污染土壤（地下水）的总体综合单价（包含设备购置或租赁、材料药剂、原辅材料消耗、人工费用等）、某一修复（管控）技术的总体综合单价，总体在合理范围和经济社会可承受范围内。

（3）二次污染控制绿色性

二次污染控制绿色性是指大气污染、废水污染、固体废物污染、噪声污染、恶臭污染等不同环境要素污染控制技术的达标性，且修复过程中不会产生新的大气污染、水体污染、固体废物污染和地下水污染，以及对周边环境造成污染问题。

（4）工程组织实施高效性

工程组织实施高效性是指项目合同管理、实施变更管理的有效性，项目成本控制和工期控制等主要方面的有效性。

（5）跟踪监管持续性

跟踪监管持续性是指制订的跟踪监督计划具有全面性、合理性和可操作性；全面落实了计划的各项要求；在资金上对计划的落实给予必要保障；通过跟踪监管，污染物得到有效控制。

污染地块安全开发利用模式是否科学、合理，是否具有可复制性和可推广性，可从上述五个方面进一步分析和评价，得出定性或者定量的分析评价结果，从而更好地认识和分析模式，为模式的评价和推广应用提供前提和技术方法（图 2-2）。

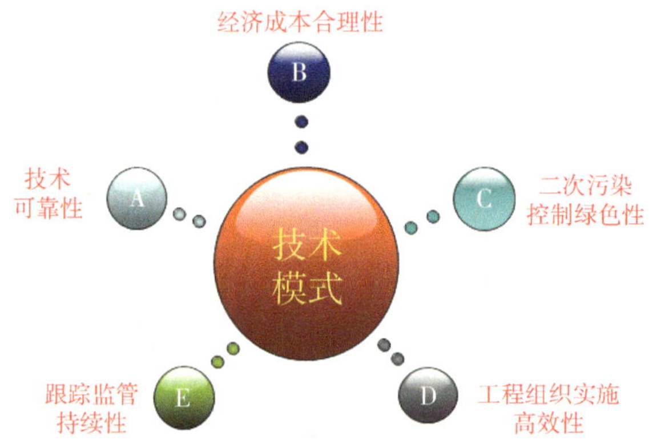

图 2-2　技术模式的五大构成及关系

2.5　影响模式确定的主要因素分析

不同污染地块之间的差异性较为明显，即便是同一地块，内部也存在较为明显的不均一性。污染地块在进行安全开发利用模式设计和选择，即进行分位、分期、分区、分层方案设计时，要充分考虑模式选择和设计的主要影响因素，从而确保设计的模式具有科学性、合理性、可行性和可操作性。

通过工程实践分析，本研究认为影响模式确定的因素主要包括未来用地规划用途、土壤（地下水）污染特征、水文地质特点、工程实施周期、周边环境敏感点分布五个方面。影响“污染地块安全开发利用模式”选择的主要因素分析见表 2-1。

表 2-1　影响“污染地块安全开发利用模式”选择的主要因素分析

序号	影响因素及含义		影响作用
1	未来用地规划用途	一类用途、二类用途、一类与二类的混合用途。对大型污染地块，还需在此基础上进一步分析文教、商业、住宅、科教、娱乐、绿化等不同类型	不同类型的用途在很大程度上决定了分区、分期等方案的确定，以及管控与修复技术的筛选和确定，是影响模式选择的首要因素。一般情况下，未来用地规划用途类型不一致的区域在进行分区时应归为不同的区域
2	土壤（地下水）污染特征	水平和垂直方向上的污染分布、浓度分布、分区特点、分层特点、污染扩散途径和趋势等	污染特征决定了分区、分层、分期等方案的选择和设计，以及修复（管控）技术的选择，是影响模式选择和确定的核心因素。风险评估过程中，确定管控目标后，应在水平和纵向方向上分别确定挥发性、半挥发性、重金属，以及特定类型污染物的污染范围。基于水平和纵向上的污染范围，再进行一定的合并，从而形成分层、分区结果
3	水文地质特点	地层结构和土工参数（如粒径、渗透系数、塑性指数等），地下水流场、水位变化和水流流向、流速等	影响分层的主要因素。不同特点的水文和地质条件，在很大程度上影响分层结果。不同层的水文地质特点，应划分为不同层级。工程实践中，为了提高工程可操作性，有时将一定的层级进行合并
4	工程实施周期	修复工程实施的时间长短	很大程度上影响了原位、异位修复策略，以及修复技术类型的选择。若修复周期较短，总体选择异位修复方式；若修复周期在可接受的范围内，一般优先考虑原位修复
5	周边环境敏感点分布	待修复土壤和地下水周边 500～1 000 m 范围内各类环境敏感点的分布、距离，以及敏感点对修复工程实施的诉求和敏感要求	土壤和地下水污染调查过程中，需要充分分析修复过程对周边环境敏感对象的影响，以及敏感对象对土壤和地下水环境修复过程的诉求。这些直接影响分位、分期、分区、分层方案的选择，以及具体修复技术的选择。总体而言，需要分析不同敏感对象的影响和诉求，从诉求出发选择适宜的方案。如敏感人群距离较近，且土壤污染物对人体影响较大，社会敏感度较高，一般考虑异位修复，或者技术较为成熟的原位修复技术。这时，相应的二次污染防治设施和舆情监控必须到位

（1）未来用地规划用途

污染地块再开发的项目规划有别于传统的绿地项目规划，开发程序和涉及的相关人员更为复杂，如何制定有效的规划方案，明确规划目标和定位，确定实施和保障机制十分重要。土地的不同规划定位在很大程度上决定了污染地块修复策略的选择。以修复策略与规划定位耦合关系为指导，以未来用途为导向，开展焦化污染地块治理修复与风险管控模式的研究，重点研究模式类型的划分、每种模式的应用条件，以及每种模式下土壤治理修复与风险管控全过程中关键环节的实施要求，包括技术、工程和管理上的实施要求，形成我国焦化污染地块治理修复与风险管控的典型模式。

从目前国内污染地块治理修复后的用途调研情况来看，计划研究过程中，将模式总体分为以下两种类型，每种类型下再进一步细分：

一类用地用途下的管控治理模式：①污染地块未来将开发为住宅或者商住区域的一类用地类型；②开发利用为公园、广场等成人与儿童活动较为频繁场所的一类用地类型。

二类用地用途下的管控治理模式：①污染地块未来开发利用为商业用地或者工业用地的二类用地类型；②开发利用为旅游用地，如工业遗产、文化遗产类主题公园的二类用地类型；③开发利用为公共绿地、填埋场等二类用地类型。地块本身开发利用价值不明显。一般情况下，公众不进入该环境，主要作为城市的公共绿化用地或集中填埋区。

（2）周边环境敏感目标

土壤和地下水污染调查过程中，需要充分分析修复过程对周边环境敏感对象的影响，以及敏感对象对土壤和地下水环境修复过程的诉求。这些直接影响分位、分期、分区、分层方案的选择，以及具体修复技术的选择。总体而言，需要分析不同敏感对象的影响和诉求，从诉求出发选择适宜的方案。如敏感人群距离较近，且土壤污染物对人体影响较大，社会敏感度较高，一般考虑异位修复，或者技术较为成熟的原位修复技术。这时，相应的二次污染防治设施和舆情监控必须到位。

（3）污染治理风险

大多数待开发利用地块原本是工业用地，土地或多或少会受到污染，如果进行开发，首先要对其进行治理，以保证日后不会对使用者产生危害。污染程度的不确定、治理标准的不明确和治理技术手段的高要求，使治理成本估算困难，治理结果难以控制，降低了开发商进行棕地再开发的意愿。

（4）开发资金成本

由于污染地块再开发需要处理地块污染问题，其再开发的成本相较于绿地就要高得多，这对开发商的资金投入能力是一个挑战。另外，治理开发后，市场是否接受污染治理结果尚不确定。因此，开发后的效益很难确定。据调查，仅有

10%～20% 的地块能够得到较高回报，即污染轻、区位好、市场需求量大的棕地。大多数污染地块的再开发很难得到高收益，甚至会亏损。因此，需要政府在再开发过程中实施相关政策进行推动和协调。

（5）工程实施周期

目前，我国污染场地土壤修复工作多由地产开发企业主导，土壤修复依托并服务于工业污染场地的地产开发，修复工作的开展大部分由经济因素驱动，为盘活资金，也存在为赶土地开发进度，造成土壤污染状况调查及后续风险管控和修复草草了事的风险。企业一般会利用较短的时间完成污染地块的治理修复并通过验收。但是，污染地块未经风险管控和修复，不符合安全利用的要求，就不得开发利用。这是保障建设用地人居环境安全的重要制度安排。而这可能带来延滞土地开发进度、影响城市和经济发展的问题，甚至影响营商环境。

实际工程项目在实施过程中，对每个影响因素逐一进行分析，确定每个因素下的分位、分期、分区、分层方案，然后将五个因素进行综合考虑。当出现不一致甚至矛盾时，需要进一步细化分析利弊，确定主要影响因素，根据其影响结果而定。

2.6　污染地块开发利用安全性评价体系构建

2.6.1　指标体系的构建

污染地块是否能实现安全修复是一个非常重要的问题。2018 年 12 月，生态环境部发布了《污染地块风险管控与土壤修复效果评估技术导则（试行）》（HJ 25.5—2018），主要是通过效果评估的技术方法判断污染地块中目标污染物是否达到了预定的风险管控修复目标值。若达到了修复（管控）目标值的要求，即认为该地块得到了安全修复，并可从省级污染地块风险管控与修复名录中退出。但需要注意的是，上述评判方法仍有其局限性，即主要考虑的是目标污染物修复后的浓度，或者管控后的工程效果，评价因素较为单一，评价方法也有一定的不确定性和随机性。

通过对污染地块安全开发利用模式的分析可以看出，“安全性”评价应是一个多因素、多维度的综合评价体系，应结合对该模式内涵的分析，构建出全面、综合反映“安全性”的指标体系。通过该指标体系的评价，更好地分析和判断地块修复后的安全程度。

污染地块开发建设中的“安全性”评价指标体系的构建见表 2-2。该指标体系共包括 5 个一级指标、9 个二级指标。

表 2-2　污染地块开发建设中的“安全性”评价指标体系

一级指标	二级指标	二级指标的含义	指标分值
总体修复策略（20 分）	分位策略	选择原位修复还是异位修复，或者是二者的组合。在原位修复中，选择原址原位还是异址原位	10 分
	分期策略	将一个地块分解为若干子地块，区分时间上的先后顺序，分不同时间段进行修复（管控）	10 分
空间修复策略（30 分）	分层策略	在纵向方向上，将污染地块进行分层，不同层级采用不同的修复（管控）技术	15 分
	分区策略	在水平方向上，将污染地块进行分区，不同区间范围采用不同的修复（管控）技术	15 分
技术性（30 分）	技术可靠性	采用的修复技术或者管控技术对目标污染物浓度降低或者污染物不扩散、不渗漏等污染控制目标的有效性、稳定性等	10 分
	二次污染控制绿色性	修复（管控）过程中产生的二次污染物的控制程度，以及产生污染物的达标排放程度和对人体健康、生态环境危害的最小化情况	10 分
	经济成本合理性	修复（管控）工程的投资和处置费用与经济社会发展水平的适应性	10 分
工程实施（10 分）	工程组织实施高效性	工程项目组织管理水平	10 分
修复后管理（10 分）	跟踪管理持续性	污染地块完成修复或者管控，从省级风险管控与修复名录中退出后继续实施的地块管理	10 分

2.6.2 评价方法

上述各个评价指标的评价方法见表 2-3。

表 2-3　“安全性”评价指标的评价方法

一级指标	二级指标	评价要求	评价方法
总体修复策略（20 分）	分位策略	综合考虑场地修复周期、修复的难易程度、厂区内平面布置、修复后土壤的去向等因素，选择和确定适宜和最佳的分位策略，在原位修复（原址、异址）、异位修复中做出合理、可行的选择	专家评判法
	分期策略	综合考虑分期开发利用、治理修复资金的制约、技术成熟性等因素，选择和确定适宜和最佳的分期策略，即合理、科学确定分期修复方案，明确各期范围，有效避免分期修复之间的相互影响和干扰	专家评判法

续表

一级指标	二级指标	评价要求	评价方法
空间修复策略（30 分）	分层策略	综合考虑纵向上土壤不同性质和结构、污染物浓度的不同、未来开发建设需求等因素，设计适宜、合理的分层方案，提出不同层的厚度、土壤性质、污染浓度范围等	专家评判法
	分区策略	综合考虑水平方向上污染物的分布特点（如有机污染物、无机污染物或者混合型污染物），设计适宜、合理的分区方案	专家评判法
技术性（30 分）	技术可靠性	根据上述总体修复策略和空间修复策略，在充分分析污染物特性的基础上，比选和确定适宜的修复技术或者技术组合。技术方案应具有较好的成熟性、可靠性，应能有效去除土壤中污染物，实现预定的管控或者修复目标	数值对比法
	二次污染控制绿色性	修复过程中尽量不产生二次污染物，对产生的污染物，应采取有效的工程和管理措施，使其满足达标排放的要求，且对人体健康、生态环境的危害性最小	专家评判法、数值对比法
	经济成本合理性	技术在建设投资和运行成本两方面构成的综合成本上可接受，具有较好的市场竞争能力	数值对比法
工程实施（10 分）	工程组织实施高效性	项目合同管理、实施变更管理、项目成本控制和项目工期控制等主要方面的有效性	数值对比法、专家评判法
修复后管理（10 分）	跟踪管理持续性	制订的跟踪监督计划具有全面性、合理性和可操作性；有固定的跟踪管理技术人员；跟踪管理成效落实	专家评判法

上述指标中，“总体修复策略”下的两个指标实施和应用较好。“空间修复策略”下的两个指标，虽然通过相关技术规范在实际工程中得到了应用，但由于受到前期污染调查和风险评估精度的影响，尚需在分层和分区策略上进一步向精细化方向发展。“技术性”中，“二次污染控制绿色性”是我国“双碳”战略下污染地块风险管控与修复的重要发展方向，在修复材料、装备使用等方面，都应将绿色性放在更加突出的位置上进行考量。“修复后管理”中，由于我国尚缺乏相应的制度要求和技术规范性文件的支撑，污染地块退出省级名录后如何有效实施后续监管，尚需在实践中不断探索和总结。

运用上述方法，可对我国已经通过效果评估后的修复（管控）工程项目进行评价和实践，不断推动上述方法的完善。上述指标体系应在应用过程中不断进行完善，尤其是结合地块具体情况和特点，在本指标框架体系下进一步建立可量化或者定性评价的三级评价指标，以解决当前我国污染地块仅有效果评估这一单一的评价手段的现实问题。

2.7 污染地块安全开发利用模式案例分析

通过前述分析，本研究构建出我国风险“分位、分期、分区、分层”思想指导下的污染地块风险管控与安全开发的模式类型。以首钢园区焦化厂绿轴地块为代表的地块，建立起“规划导向－原位圈定－分区管控－跟踪监测”的修复模式；以太原煤气化工厂遗留污染地块为代表的地块实施了“原异结合－网格管控－分层分类修复－水土共治”的模式；对污染较重、治理修复技术难度较大、经济投入较大的地块，建立起“源头治理－风险管控－制度控制－跟踪监测”的风险管控模式等。不同模式的含义分析，见表 2-4。

表 2-4 不同的安全开发利用模式的含义分析

序号	模式名称	模式含义
1	规划导向－原位圈定－分区管控－跟踪监测	规划导向：商业、工业遗址公园，绿地等复合型用地为主。 原位圈定：部分老厂房保留，保留厂房之间的污染地块，需要圈定起来进行原位修复。 分区管控：高有机复合污染土壤采用原位燃气热脱附技术处理；低风险有机复合污染土壤和地下水采用阻隔下的原位空气曝气－强化生物修复技术。 跟踪监测：修复后区域和保留区域的跟踪监测与评估
2	原异结合－网格管控－分层分类修复－水土共治	原异结合：规划用途的敏感性决定了采取原位和异位结合的方式。 网格管控：水平方向和垂直方向，将划定精确网格，对高、中、低不同程度污染实施精确修复和管控。 分层分类修复：通过上层和下层对挥发性、半挥发性有机污染物采取不同技术。 水土共治：对污染土壤和地下水协同处理
3	源头治理－风险管控－制度控制－跟踪监测	基于风险三要素，首先从源头上消除污染，从过程上切断途径，从结果上保护受体，同时进行制度建设和长期监测
4	“修复列车”分类风险管控技术组合的管控模式	针对每一类污染采用最适宜的修复技术，通过整体优化，构成一套兼顾修复效果、工期要求、经济可行性的治理修复模式

下面选择两个案例进行具体分析。

2.7.1 典型模式 1 分析

首钢园区焦化厂绿轴地块治理修复采用“规划导向－原位圈定－分区管控－跟

踪监测”模式，以地块未来规划为导向，在高风险区域主要采用原位热脱附技术，在一般风险区采取阻隔、生物降解、植被修复等措施，并结合后期的长期监测，实时掌握地块环境风险。

2.7.1.1 污染地块基本情况

首钢园区焦化厂绿轴地块位于北京市石景山区古城地区，主要包括首钢厂区煤焦作业区焦炉单元和化工区域回收单元，总面积约为 12.45 万 m^2。自 20 世纪六七十年代起，该地块主要用于焦化生产，主要原料是煤，主要产品是焦炭，副产品为焦炉煤气及其他炼焦产物（如焦油、多环芳烃、苯系物），于 2008 年关闭。根据首钢园区北区控制性详细规划，该地块规划为工业遗址公园，原则上不大拆大建，未来拟作为公园绿地使用。目前，地块内仍残存多环芳烃、苯等污染物，对人体健康构成较大威胁。土壤中主要污染物为苯和苯并 [*a*] 芘，最高含量分别为 7 420 μg/kg、1 740 μg/kg。采用《场地土壤环境风险评价筛选值》（DB11/T 811—2011）中住宅用地标准进行评价，苯、苯并 [*a*] 芘最高超标倍数分别为 11 593 倍、8 700 倍。通过人体健康风险评估，该地块多环芳烃和苯系物超过风险可接受水平，需采取措施进行风险管控与治理修复。经测算，高风险污染土壤面积约为 3.29 万 m^2，土方量为 6.48 万 m^3，最大深度为 5 m；一般风险区污染土壤面积约为 2.52 万 m^2。利用污染地块风险评估软件，结合用地性质、暴露途径等，确定高风险污染土壤修复目标为：苯并 [*a*] 芘含量低于 6.2 μg/kg，苯含量低于 51.6 μg/kg。一般风险区污染土壤风险管控目标为：阻隔层厚度满足设计要求 0.5 m，渗滤系数小于 107 cm/s。阻隔层建设完成后采样，苯并 [*a*] 芘含量低于 6.2 μg/kg，苯含量低于 51.6 μg/kg。

首钢园区焦化厂绿轴地块治理修复项目实施周期为 2018 年 4 月至 2020 年 6 月，项目经费约为 1.75 亿元。该项目将污染土壤分为高风险污染土壤区、一般风险污染土壤区，按照修复深度及保留建筑物状况，分别选择不同的技术工艺。高风险污染土壤在建筑物以外区域采用斜向或水平加热 - 抽提系统或竖直加热 - 抽提系统进行处理；建筑物内区域采用斜向或水平加热 - 抽提系统进行处理。一般风险污染土壤在建筑物以外区域先进行地表阻隔覆盖，采取安全阻隔、生物降解、植被恢复等工程措施；建筑物以内区域，由于地表硬化层本身为良好阻隔层，仅做完整度检查和相应修补工作。对高风险污染土壤区域涉及的 11 个地块进行四批次验收采样，共设置 379 个采样点，采集 423 个土壤样品（含 44 个平行样），检测出的苯和苯并 [*a*] 芘两种污染物的含量均低于各自的修复目标值。高风险区域土壤污染治理修复总投资约为 1.6 亿元，其中工程费为 1.2 亿元，措施费为 1 402.06 万元，其他费用为 2 559.91 万元。

2.7.1.2 模式特点分析

与地块未来规划有机结合，科学选择修复技术路线。根据《首钢生态修复公园污染治理保护与拆除景观方案》设计，绿轴地块主要规划为公园绿地，保留部分生产设备、罐、管道系统以及部分建筑物，且修复后土壤须具有生态功能，便于再利用。因此，修复技术选择要以绿色、原位、生物修复技术为主，不适合大规模开挖和化学药剂使用。同时，受规划投资限制且公园绿地开发时间较长，优先选择修复成本低、修复周期较长的修复技术。

突出风险管控，以“景观生态恢复 + 工程控制”为主，采取有效措施阻断污染物扩散或暴露途径。当污染土壤浓度较高时，高风险污染源采用高温脱附及气相抽提修复技术去除污染物；当污染暴露途径以蒸气吸入或接触表层污染土壤为主时，考虑以直接工程阻隔作为主要风险控制措施，配合景观设计，采用生物修复技术（植物修复或微生物修复），使特征污染物浓度降低。对采用阻隔技术处理的受污染土壤，结合景观生态恢复对其进行长期监测，主要监测土壤气以苯系物为主的挥发性有机物。

采取“分区分级”方式，最大限度地减少修复土方量。围绕地块修复治理、未来土地景观设计和开发需求，采用“分区分级”治理思路，将苯并 [*a*] 芘含量高于 62 μg/kg 或苯含量高于 51.6 μg/kg 的污染土壤范围划为高风险区域，将苯并 [*a*] 芘含量为 6.2～62 μg/kg，同时苯含量低于 51.6 μg/kg 的区域划为一般风险区域。针对高风险区，采取热脱附技术进行治理修复，清除污染物；对一般风险区，采取安全阻隔、生物降解、植被恢复等工程控制以及监测评估等技术或措施。同时，在保证受体健康风险可接受的前提下，合理采用工程控制措施，尽可能减少异位、高成本修复土方量，做好修复土方量和修复成本“减法”。

实现原位热脱附系统设备自动化与智能化。整套原位热脱附系统最关键的参数是地块温度和真空度。对地块温度的监控可以指导和优化系统运行，对地块真空度的监控可以判断地表以下的情况，确保污染气体不逸出，避免二次污染。本项目在治理修复过程中，利用计算机软件模拟、燃烧器、就地控制柜、中控室的数据传输和网络共享，保证 24 h 无间断自动化监测和即时数据分析，对系统进行优化，确保治理效果和工期，如利用计算机模拟软件，根据地块、污染物物理性质进行加热过程模拟、设计优化，使能源消耗、治理成本更加合理。同时，可利用监控系统，在任何一台联网电脑和手机上对现场进行实时监控。

2.7.2　典型模式 2 分析

“修复列车”分类风险管控技术组合的管控模式是山西忻州云马焦化有限公司污染地块治理与修复项目采用的技术模式。针对每一类污染采用最适宜的修复技术，通过整体优化，构成一套兼顾修复效果、工期要求、经济可行性的治理修复模式。

2.7.2.1　污染地块基本情况

忻州云马焦化有限公司焦化厂于 1997 年建成投产，2013 年停产，2014 年拆除，主要利用原煤生产焦炭、煤气，同时副产焦油、硫膏、粗苯等，主要工序包括洗煤、炼焦、熄焦、冷鼓、蒸氨、脱硫、洗苯等。厂区位于忻州市市区东侧，云中北路以东，九原街以南，占地面积约 250 亩[①]。地块周边分布有居住小区、农村集聚区、农田和池塘，地块扰动易使挥发性有机污染物逸散，对周边居民造成影响；地下水埋深较浅，污染物易随地下水迁移，造成下游地下水和农田污染。地块拟规划为消防、警察训练场地和营地，若不进行治理修复，会对人体健康及地下水环境安全构成威胁。

根据前期检测结果，该地块土壤中的主要污染物为苯并 [*a*] 芘、茚并 [1, 2, 3-*cd*] 芘、二苯并 [*a*, *h*] 蒽等 21 种有机物，最高含量分别为 190 μg/kg、135 μg/kg、33 μg/kg；地下水中主要污染物为氰化物等 3 种有机物，最高含量为 190 μg/kg。根据《场地土壤环境风险评价筛选值》（DB11/T 811—2011）住宅用地筛选值、《地下水水质标准》（DZ/T 0290—2015）Ⅳ类标准进行评价，土壤中苯并 [*a*] 芘、茚并 [1, 2, 3-*cd*] 芘、二苯并 [*a*, *h*] 蒽最大超标倍数分别为 949 倍、674 倍、659 倍；地下水中氰化物最大超标倍数为 51 倍。通过人体健康风险评估，该地块土壤中苯并 [*a*] 芘、茚并 [1, 2, 3-*cd*] 芘、二苯并 [*a*, *h*] 蒽等 17 种污染物，以及地下水中的氰化物和苯两种污染物风险不可接受。经测算，污染土壤为 8.2 万 m^3，最大深度为 22 m；地下水污染面积为 2.8 万 m^2。本项目采用分期修复方式，一期一标段修复土壤面积为 1.35 万 m^2，土方量约为 4.3 万 m^3，二标段地下水修复面积为 1.9 万 m^2。

山西忻州云马焦化有限公司污染地块治理与修复项目污染土壤和地下水采用“水泥窑协同处置 + 原位化学氧化”修复技术：对半挥发性有机污染区域，将土壤挖出并进行筛分，筛分后的建筑垃圾运往填埋场处置，污染土壤送至水泥厂协同处置，危险废物交有资质的公司进行处置；对挥发性有机物污染土壤及地下水污染区域，采用原位氧化技术进行修复，根据污染深度建设注入井，并结合地下水循环

---

① 1 亩≈1/15 hm^2。

井技术，强化药剂的扩散效果并扩大影响范围。实施周期是 2016 年 9 月至 2019 年 5 月。

2.7.2.2　模式特点分析

修复施工前精细复勘，合理优化修复方案。本项目前期调查的污染物垂向分布数据间隔为 1.5 m。为精确了解污染物分布和地层状态，在复勘时引入半透膜气体连续监测系统（MIP），实时、连续探测污染物的分布状态。MIP 是利用装载在直推式钻机上的实时、半定量污染物检测设备和装在钻杆最前端、加热到指定温度的探头，通过高温及浓度梯度促使挥发性有机物从土壤扩散到探头的半透膜内部，经气相色谱快速分析，得到近似连续的污染物纵向分布，为设计修复系统的井深、注入井和抽出井井段位置和长度提供基础，使药剂在更精确的污染区域注入和扩散，有利于提高修复效率，降低修复成本和缩短修复时间。

引进地下水循环井技术，提高施工效率。污染区域同时存在土壤和地下水污染，污染面积和污染深度较大，存在化学氧化药剂注入后难以均匀扩散的问题。本项目采用我国首次从德国引进的地下水循环井技术，通过在同一井内的不同深度进行抽注水操作，使地下水同时产生水平和垂直循环流场。与原方案仅采用化学氧化修复技术相比，注入井及监测井由近千座减少到不到 100 座，极大地减少了建井的工作量。

采用“修复列车”模式，优化修复技术组合。首先通过地块调查结果分析，将不同污染介质（土壤或地下水）和不同污染物种类（半挥发性、挥发性有机物或氰化物）综合考虑后进行分类，然后采用“修复列车”（指在同一个地块内不同的污染区域，或在同一个区域内的不同阶段采用不同的修复技术）的概念对每一类污染区域采用最适宜的修复技术。在单独的地下水污染区域采用原位化学氧化技术；在复杂的土壤和地下水污染区域采用组合修复技术；在重度污染区域以地下水循环井系统为主，周边区域配合采用原位化学氧化修复技术。通过整体优化，构成一套兼顾修复效果、工期要求、经济可行性的技术路线。

参考文献

[1] 龙涛 . 基于风险管控的污染地块修复模式概述 [J]. 环境保护科学，2016，42(4)：36-39.

[2] 黄秋平 . 湖南省耕地安全利用基本思路和技术模式 [J]. 湖南农业・种植园地，

2021(1)：22.

[3] 刘超 . 基于生态安全的环境友好型土地利用模式探讨 [J]. 安徽农业科学，2008，36(15)：6454-6455.

[4] 黄标，胡鹏杰，胡文友，等 . 江苏省重金属污染农用地安全利用与高效修复示范模式 [C]. 中国化学会第一届农业化学学术讨论会，2019.

[5] 邓美华，朱有为，段丽丽，等 . 农田土壤重金属污染“边生产边修复”综合防治技术模式解析 [J]. 浙江大学学报（农业与生命科学版），2020，46(2)：135-150.

[6] 王慧，江海燕，肖荣波，等 . 城市棕地环境修复与再开发规划的国际经验 [J]. 规划师，2017(3)：19-24.

第 3 章　焦化污染地块修复健康安全防护管理研究

3.1　研究的重要意义

由于污染地块具有严重性、复杂性、隐蔽性等特征，在已受到污染的地块施工，如果相关人员健康防护管理和措施不到位，容易产生严重后果。2004 年，北京宋家庄地铁工程施工时发生了 3 名工人不幸中毒事件，引起了环保管理部门对污染场地环境安全管理的重视，开启了我国污染场地环境管理的先河。2006 年，苏州南环路附近郭巷的一家化工企业搬迁和原武汉农药厂在土地开发过程中，分别发生多名施工人员中毒晕倒事件，进一步显示了污染场地环境安全管理的重要性和迫切性。这三次污染场地清挖过程中的人身受伤害事件反映了我国污染场地对人体身心健康带来的潜在巨大危害，也反映了我国污染场地环境管理的严重滞后。

经过近十年的发展，我国的污染场地修复已发展成为一个行业，已经在《国民经济行业分类》（GB/T 4754—2017）中单列为环境治理业，场地修复工程相关企业数量也出现了大幅增长。据不完全统计，我国土壤修复企业数量由 2013 年的 200 家迅速增加到 2017 年的 2 800 家。随着污染场地修复工程数量增加和参与企业数量增加，环境“二次污染”问题逐步呈现，修复工程得到逐步推进。针对修复工程项目的环境影响管理问题，2015 年 4 月，环境保护部发布的《建设项目环境影响评价分类管理名录》首次将污染场地治理修复工程纳入建设项目管理，明确需要依法开展环境影响评价工作，有效地解决了“二次污染”的环境监管问题。但在场地修复与控制过程中的健康安全管理仍然存在一些问题，主要表现在以下三个方面：

1）对污染场地健康安全危害认识和重视程度不够。目前在我国污染场地修复工程中，相对更侧重于对环境问题的关注，并且国家有针对性地出台了一系列环境保护政策；污染场地修复工程实施位于已经受到污染的场地，污染场地本身就对人体健康具有较大危害，因此，要更加重视污染场地修复安全问题。

2）受各修复主体规模、专业水平以及管理水平等因素的影响，其在健康安全管理方面的做法参差不齐。由于环境修复公司管理水平和能力的不同，没有完善的环境、健康和安全（EHS）管理体系，缺少“绿色环保、以人为本、健康安全至上”的目标管理要求，对施工过程中相关人员的健康安全管理的要求、措施、效果差别也较为明显。

3）缺乏专门针对污染修复和控制工程的健康安全监管的相关指导理论和管理方法，政府相关部门对其监管相对薄弱。目前我国有相对完善的安全和职业病防治相关的法律法规和标准体系，没有专门针对污染场地调查评估与修复过程中安全与健康的法规性文件和制度要求，健康安全管理还没有在操作层面上具体开展，缺乏污染地块治理修复项目中关于安全与健康计划的理论、方法和实际案例，对污染场地修复工程施工过程中的健康、安全监管较为薄弱。

鉴于污染地块修复过程中健康安全存在以上问题，2018 年 12 月，生态环境部土壤环境管理司在全国土壤环境管理和风险管控培训班上，就污染场地修复中的健康安全管理进行了专题研讨，引起了地方各级生态环境部门的重视。生态环境部环境规划院以“污染场地修复工程健康与安全管理案例分析”为专题做了报告，并初步构建了污染场地修复工程健康安全防护体系，包括“健康安全有害因素识别—健康安全管理目标和制度建设—健康安全防护设计—落实健康安全防护措施—实施健康安全防护监测”在内的“五步法”。2020 年 3 月，生态环境部土壤与农业农村生态环境监管技术中心在企业用地调查采样培训中，开展了企业用地调查采样安全与防护专题培训，从采样过程安全防护的重要性、组织实施以及典型案例三个方面对企业用地调查过程中应注意的安全隐患和防护措施进行了详细说明。因此，开展相关的国际经验研究分析和典型案例总结，对提升我国污染地块治理修复监管技术水平、切实保障相关人员安全和身心健康具有重要意义。

3.2　发达国家健康与安全管理现状分析

污染地块的健康与安全管理中，发达国家主要是依托现有的职业健康立法和安全立法来实现的。例如，美国的《职业安全与健康法》（1970 年）、日本的《劳动安全卫生法》（1972 年）、英国的《职业安全卫生法》（1974 年）、联邦德国的《职业安全法》（1974 年）以及加拿大的《职业卫生与安全法》（1978 年）。

3.2.1　美国

美国健康安全风险监管主要依据《职业安全与健康法》（Occupational Safety and Health Act，OSHA，1970 年）。基于该法案，诞生了美国职业安全与健康管理局（OSHA）和职业安全健康研究所（NIOSH）。职业安全与健康管理局隶属美国劳工部（United States Department of Labor），职业安全健康研究所隶属美国卫生及公共服务部（U.S. Department of Health and Human Services）。OSHA 主要在以下四个方面做出了规定：①制定和推行行业安全标准；②提供安全培训、扩展培训和其他教育；③与企业、个人建立合作机制；④鼓励持续地改善工作场所的安全卫生条件。在 1990 年制定的《国家应急计划》中对员工健康安全做出了明确的规定：应急行动健康安全管理不但要满足联邦标准的要求，还应遵守《危险废弃物操作和应急响应》的相关规定，要求在所有应急场地都应制订职业健康安全管理计划，满足《职业安全与健康法》（DSH A，1970）以及其他州立职业安全和健康法规的相关要求。在污染场地修复工程健康安全技术要求上，美国实验与材料协会编制的《场地环境评价导则》要求该导则使用者在第一期工作开展时制定合理的安全健康操作规程，并明确其适用性和局限性；在开展二期工作时，应在遵循联邦或州的地方法律法规的基础上对土地所有者、占有者或是使用者采取必要的个人健康安全保护措施。鉴于管理要求和实践，美国污染修复公司一般建立有完善的 EHS 管理体系。

3.2.2 英国

为了保障工作人员的健康、安全，英国在 1974 年颁布了《职业卫生安全法》（HASAW74），明确规定了雇主具有保障雇员在卫生安全的环境中工作的责任，明确了雇主、雇员和安全代表相应的权利和义务；1992 年，颁布了《职业卫生安全管理条例》（MHSW92），详细地明确了雇主应承担的责任。目前，英国已形成了一套成熟的卫生安全法律，其指导框架的要点在于形成了一个共识，即雇主有责任评估危害风险，避免工作场所危害，一系列相关的导则分别对工作场所的设备、人力、劳动、健康、安全、福利、保护装置及职业致癌物进行了规定。1996 年，英国标准协会制定了《职业安全卫生管理体系指南》（BS8800），主要是帮助企业建立职业安全卫生（OHS）管理体系，并为将 OHS 纳入企业全面管理提供指导。

3.2.3 德国

德国职业安全与健康的法规可以追溯到 1947 年 7 月 11 日在日内瓦签订的《手工业和流通业劳动监督第 81 号国际协议》（1950 年开始实施）。从那时开始，德国就全面、系统地开展了职业安全与健康管理工作，并且建立了较为完善的联邦立法、各州执法的工作运转模式。德国在职业安全与健康方面建有“双元制”劳动保障体系和良好的职业安全与职业健康监管体系。德国污染修复企业的污染场地修复工程健康安全管理条目较为详细，一般一个管理体系包括关于工作安全 / 健康保护的文件（制度）、施工现场规章制度、紧急呼叫制度、警报信息、风险评估方法、工作安全信息及附件、安全健康操作说明、工作人员的资料、设备资料、安全数据表、防火措施规定等，并且针对其中的每一项都明确了相应的内容，比较翔实，具有极强的可操作性。

3.3　我国健康与安全管理相关制度分析

我国建设有完善的法律法规、规章制度以及相应的技术标准，为职业卫生和安全管理提供了法律基础和技术依据。

3.3.1　职业卫生法律体系

3.3.1.1　职业危害及职业病

根据《职业卫生名词术语》（GBZ/T 224—2010），职业危害（occupational hazard）是指对从事职业活动的劳动者可能导致的工作有关疾病、职业病和伤害。职业性有害因素（occupational hazards）又称职业病危害因素，即在职业活动中产生和（或）存在的，可能对职业人群健康、安全和作业能力造成不良影响的因素或条件，包括化学、物理、生物等因素。《职业病危害因素分类目录（2015）》（国卫疾控发〔2015〕92 号）给出了我国目前职业病危害因素分类目录：“一、粉尘（52 种粉尘危害因素）；二、化学因素（重金属、有机物、无机物等 375 种化学危害物质）；三、物理因素（噪声、高温、振动等 15 种物理危害因素）；四、放射性因素（8 种放射性危害因素）；五、生物因素（6 种生物危害因素）；六、其他因素（3 种）等。”

根据《中华人民共和国职业病防治法》第二条的规定，职业病是指企业、事业单位和个体经济组织等用人单位的劳动者在职业活动中，因接触粉尘、放射性物质和其他有毒、有害因素而引起的疾病。职业病必须具备以下四个条件：①患病主体是企业、事业单位或个体经济组织的劳动者；②必须是在从事职业活动的过程中产生的；③必须是因接触粉尘、放射性物质和其他有毒、有害物质等职业病危害因素引起的；④必须是国家公布的职业病分类和目录所列的职业病。四个条件缺一不可。2013 年 12 月 30 日修订的《职业病分类和目录》，将职业病分为以下几种：①尘肺。有硅肺、煤工尘肺等。②职业性放射病。有外照射急性放射病、外照射亚急性放射病、外照射慢性放射病、内照射放射病等。③职业中毒。有铅及其化合物中毒、汞及其化合物中毒等。④物理因素职业病。有中暑、减压病等。⑤生物因素所致职业病。有炭疽、森林脑炎等。⑥职业性皮肤病。有接触性皮炎、光敏性皮炎等。⑦职业性眼病。有化学性眼部烧伤、电光性眼炎等。⑧职业性耳鼻喉疾病。有噪声聋、铬鼻病。⑨职业性肿瘤。有石棉所致肺癌、间皮癌，联苯胺所致膀胱癌等。⑩其他职业病。有职业性哮喘、金属烟热等。共计10大类，132种职业病。另外指出，对职业病的诊断，应由省级以上人民政府卫生行政部门批准的医疗卫生机构承担。

3.3.1.2 我国现有职业卫生法律体系

我国职业卫生法律法规体系主要由法律、行政法规、部门规章、规范性文件以及相关标准组成。

（1）法律

在法律层面，我国2001年10月审议通过的《中华人民共和国职业病防治法》是职业卫生领域的最高普通法，也是职业病防治的基本法，明确了“保障劳动者健康权益”这一立法基本宗旨和“预防为主、防治结合”的基本工作方针。该法分别从总则、前期预防、劳动过程中的预防与管理、职业病诊断与职业病病人保障、监督检查、法律责任和附则几个方面做出了要求。

（2）行政法规

在行政法规方面，主要有《中华人民共和国尘肺病防治条例》和《使用有毒物品作业场所劳动保护条例》等。其中，《中华人民共和国尘肺病防治条例》（国务院于1987年12月3日发布实施）主要是为保护职工健康，消除粉尘危害，防止发生尘肺病，促进生产发展而颁布，主要对企业防尘责任、防尘投入、禁止危害转嫁、建设项目防尘工作“三同时”、接尘工人的健康体检和职业病诊疗进行了规定；而2002年5月由国务院发布的《使用有毒物品作业场所劳动保护条例》主要“为了保证作业场所安全使用有毒物品，预防、控制和消除职业中毒危害，保护劳动者的生命安全、身体健康及其相关权益”，对职业病防治法的一些具体事项进行了详细规定。

（3）部门规章

相关部门规章主要有卫生主管部门和安全监督管理部门的《作业场所职业危害申报管理办法》《作业场所职业健康监督管理暂行规定》《放射工作人员职业健康管理办法》《建设项目职业病危害分类管理办法》《职业卫生技术服务机构管理办法》《职业健康监护管理办法》《国家职业卫生标准管理办法》《职业病危害事故

调查处理办法》《职业病危害项目申报管理办法》《劳动防护用品监督管理规定》《安全生产监管监察职责和行政执法责任追究的暂行规定》《劳动防护用品监督管理规定》《安全生产监管监察职责和行政执法责任追究的暂行规定》《工作场所职业卫生监督管理规定》《职业病危害项目申报办法》《用人单位职业健康监护监督管理办法》《建设项目职业卫生“三同时”监督管理暂行办法》《建设项目职业危害分类管理办法》《职业病分类和目录》《高毒物品目录》等。

（4）规范性文件以及相关标准

目前涉及的职业卫生标准包括卫生标准（WS）和安全标准（AQ）。2002 年，卫生部制定《国家职业卫生标准管理办法》，提出了国家职业卫生标准（GBZ）及其分类，包括职业卫生专业基础标准、工作场所作业条件卫生标准、职业接触限值标准、职业病诊断标准、职业照射放射防护标准、职业防护用品卫生标准、职业性危害因素监测检验方法标准等。国家相关部门先后发布了以下标准：《采暖通风与空气调节设计规范》（GB 50019）、《工业企业总平面设计规范》（GB 50187）、《个体防护装备选用规范》（GB/T 11651）、《呼吸防护用品的选择、使用与维护》（GB/T 18664）、《职业健康安全管理体系要求及使用指南》（GB/T 45001/ISO 45001）、《工业企业噪声控制设计规范》（GBJ 87）、《工业企业设计卫生标准》（GBZ 1）、《工作场所有害因素职业接触限值　第 1 部分：化学有害因素》（GBZ 2.1）、《工作场所有害因素职业接触限值　第 2 部分：物理因素》（GBZ 2.2）、《工作场所职业病危害警示标识》（GBZ 158）、《工作场所空气中有害物质监测的采样规范》（GBZ 159）、《职业健康监护技术规范》（GBZ 188）、《职业性接触毒物危害程度分级》（GBZ 230）、《工作场所空气有毒物质测定》（GBZ/T 160）、《工作场所物理因素测量》（GBZ/T 189）、《工作场所空气中粉尘测定》（GBZ/T 192）、《高毒物品作业岗位职业病　危害告知规范》（GBZ/T 203）、《高毒物品作业岗位职业病　危害信息指南》（GBZ/T 204）、《密闭空间作业职业危害防范规范》（GBZ/T 205）、《密闭空间直读式气体检测仪选择指南》（GBZ/T 222）、《工作场所有毒气体检测报警装置设置规范》（GBZ/T 223）、《用人单位职业病防治指南》（GBZ/T 225）、《工业场所职业病危害作业分级　第 1 部分：生产性粉尘》（GBZ/T 229.1）、《工业场所职业病危害作业分级　第 2 部分：化学物质》（GBZ/T 229.2）、《工业场所职业病危害作业分级　第 3 部分：高温》（GBZ/T 229.3）、《工业场所职业病危害作业分级　第 4 部分：噪声》（GBZ/T 229.4）、《工作场所化学有害因素职业健康风险评估技术导则》（GBZ/T 298）等。

针对建筑行业建筑施工企业和火力发电行业的职业病危害防治，国家和相关部门出台了《建筑施工企业职业病危害防治技术规范》（AQ/T 4256）、《火力发电企业职业危害预防控制指南》（GB/T 280）。其中，AQ/T 4256 对涉及建筑施工企业防尘、防毒、防噪声、防高温低温、防辐射应急处置等职业病危害防治技术措施的设计、施工、验收、运行以及职业卫生管理等方面做了规定。GB/T 280 则对火力发电企业的基本要求、存在的主要职业病危害因素、职业卫生防护措施、应急救援、辅助设施、职业卫生培训、职业卫生检查及评估要求等方面做出了详细规定，给相关行业职业病危害防控提供了较好的管理模式。

3.3.2 安全法律体系

3.3.2.1 安全含义

国家标准（GB/T 28001）给出的“安全”定义是：“免除了不可接受的损害风险的状态。”国际民航组织对安全的定义是：“安全是一种状态，即通过持续的危险识别和风险管理过程，将人员伤害或财产损失的风险降低并保持在可接受的水平或其以下。”

在社会生产过程中，安全指的是安全生产，是指通过人－机－环境三者的和谐运作，使社会生产活动中危及劳动者生命安全和身体健康的各种事故风险和伤害因素，始终处于有效控制的状态。

3.3.2.2 我国现有安全法律体系

我国目前有关安全生产的部分法律、行政法规、部门规章、规范性文件以及相关标准如下。

（1）法律

国家现行的有关安全生产的专门法律有《中华人民共和国安全生产法》《中华人民共和国消防法》《中华人民共和国道路交通安全法》《中华人民共和国海上交通安全法》《中华人民共和国矿山安全法》；与安全生产相关的法律主要有《中华人民共和国劳动法》《中华人民共和国职业病防治法》《中华人民共和国工会法》《中华人民共和国矿产资源法》《中华人民共和国建筑法》《中华人民共和国煤炭法》《中华人民共和国公路法》《中华人民共和国电力法》等。其中，《中华人民共和国安全生产法》是我国第一部全面规范安全生产的专门法律，是我国安全生产法律体系中的基本法律。该法主要针对我国境内从事生产经营活动的单位（以下统称生产经营单位）的安全生产做出相关要求，而针对消防安全和道路交通安全、铁路交通安全、水上交通安全、民用航空安全以及核与辐射安全、特种设备安全等安全的国家已经颁布的相关法律、行政法规，遵照其有关规定执行。《中华人民共和国安全生产法》特别指出："平台经济等新兴行业、领域的生产经营单位应当根据本行业、领域的特点，建立健全并落实全员安全生产责任制，加强从业人员安全生产教育和培训，履行本法和其他法律、法规规定的有关安全生产义务。"这为污染场地安全管理提供了相应的法律依据。

（2）行政法规

行政法规主要针对安全生产许可、危险化学品安全、建设工程安全、煤矿安全、特种设备安全、矿山安全、石油天然气管道安全、有毒场所等多个方面的安全保障而制定，主要有《安全生产许可证条例》《危险化学品安全管理条例》《建设工程安全生产管理条例》《煤矿安全监察条例》《特种设备安全监察条例》《民用爆炸物品安全管理条例》《国务院关于特大安全事故行政责任追究的规定》《矿山安全法实施条例》《石油天然气管道保护条例》《使用有毒作业场所劳动保护条例》《特种设备安全监察条例》等。其中，《危险化学品安全管理条例》对危险化学品生产、储存、使用、经营和运输的安全管理做出了相关规定，同时指出："废弃危险化学品的处置，依照有关环境保护的法律、行政法规和国家有关规定执行。"还明确指出："生产、储存、使用、经营、运输危险化学品的单位（以下统称危险化学品单位）的主要负责人对本单位的危险化学品安全管理工作全面负责。危险化学品单位应当具备法律、行政法规规定和国家标准、行业标准要求的安全条件，建立、健全安全管理规章制度和岗位安全责任制度，对从业人员进行安全教育、法制教育和岗位技术培训。从业人员应当接受教育和培训，考核合格后上岗作业；对有资格要求的岗位，应当配备依法取得相应资格的人员。"另外，我国部分省（市、区）依据《中华人民共和国安全生产法》结合地方相应实际情况颁布了地方性法规，如《北京市安全生产条例》《天津市安全生产条例》《广东省安全生产条例》《河南省安全生产条例》《山东省安全生产条例》等。

（3）部门规章

部门规章进一步细化了相关领域的安全管理要求，主要包括：《煤矿矿用安全产品检验管理办法》《危险化学品登记管理办法》《危险化学品经营许可证管理办法》《危险化学品包装物、容器定点生产管理办法》《安全生产行政复议暂行办法》《安全生产违法行为行政处罚办法》《煤矿安全监察员管理办法》《煤矿安全监察行政复议办法》《煤矿安全监察行政处罚办法》《煤矿安全生产基本条件规定》《煤矿建设项目安全设施监察规定》《煤矿安全监察罚款管理办法》《煤矿企业安全生产许可证实施办法》《非煤矿矿山企业安全生产许可证实施办法》《危险化学品生产企业安全生产许可证实施办法》《烟花爆竹生产企业安全生产许可证实施办法》《危险化学品生产储存企业建设项目安全审查办法》《安全生产行业标准管理规定》《煤矿安全规程》《重大危险源监督管理规定》《烟花爆竹销售许可证实施办法》等。部分省市出台了地方政府规章，如《山西省安全生产规定》《山西省煤矿安全生产规定》等。

（4）规范性文件以及相关标准

安全生产标准包括国家标准（GB）、原来行业标准（MT、LD、YC）以及新的行业标准（AQ）。国家标准中分强制性标准［如《建筑设计防火规范》（GB 50016）、《爆炸和火灾危险环境电力装置设计规范》（GB 50058）等］和推荐性标准［如《高温作业分级》（GB/T 4200）等］。国家安全行业标准重点集中在煤矿（AQ 1008～AQ 1011、AQ 1043～AQ 1048）、金属和非金属矿山（AQ 2006、AQ 2007.1～AQ 2007.15、AQ 2008～AQ 2011）、危险化学品（AQ 3003～AQ 3008）、纺织业（AQ 7002、AQ 7003）、个人防护用品（AQ 6101～AQ 6104）等，还包括《地质勘探安全规程》（AQ 2004）、《石油天然气安全规程》（AQ 2012）、《数字式甲烷检测报警矿灯》（AQ 6209）、《机械压力机安全使用要求》（AQ 7001）、安全评价（AQ 8001～AQ 8005）、安全应急预案《生产经营单位安全生产事故应急预案编制导则》（AQ/T 9002）等。

3.3.3 污染场地修复工程健康安全管理文件分析

近年来，我国在污染修复场地相关管理中，逐渐凸显了修复实施过程中的健康安全管理要求。相关体系主要有法律法规、部门规章、标准和技术规范等。

2019 年 1 月 1 日开始实施的《中华人民共和国土壤污染防治法》要求“防治土壤污染，保障公众健康”，并且明确指出，地方各级人民政府应当对本行政区域土壤污染防治和安全利用负责。《中华人民共和国土壤污染防治法》是污染地块健康与安全管理中的基础法律依据之一，与《中华人民共和国职业病防治法》《中华人民共和国安全生产法》等安全单行法构成我国污染地块修复与管控工程的法律依据。2016 年 5 月 28 日，国务院发布了《土壤污染防治行动计划》，主要从受污染耕地安全利用、污染地块安全利用方面提出了目标指标要求，而并未对施工过程中的健康和安全提出要求。环境保护部于 2016 年 12 月 31 日发布的《污染地块土壤环境管理办法（试行）》要求，拟开发作为敏感用地的污染地块，应该实施以安全利用为目的的风险管控。

近年来，由于污染地块调查及修复行业快速发展，施工相关人员的健康与安全管理逐渐受到生态环境部门的重视。2019 年 10 月 31 日，生态环境部办公厅发布《关于进一步稳妥推进重点行业企业用地土壤污染状况调查工作的通知》（环办土壤函〔2019〕818 号），明确提出："重视施工安全，防范事故隐患。"要求在采样过程中，遵守《中华人民共和国安全生产法》在内的国家和地方有关法律法规及管理规定，遵守《企业安全生产标准化基本规范》（GB/T 33000—2016）等企业安全生产及设备使用相关技术规范，做好初步采样调查过程中的安全隐患防范。还明确提出，调查单位在进场采样前，"需要制定事故应急管理方案、安全工作方案，开展入场安全培训，与企业签订安全协议；在进场后，须进行必要的安全检查，识别出工作场所中的危险因素。应通过资料收集、人员踏勘及现场物探等方式，摸清地下罐槽、雨污管线、电力管线、燃气管线、通信管线等地下设施线路的位置、走向和埋深等信息，防止钻探过程中发生意外；在钻探采样过程中，应设立明显的标识牌及安全警示线，采取必要的人员防护措施，防止事故发生"。

虽然我国未针对污染地块修复工程及风险管控工程建立专门法律法规，但近年来发布的技术导则、技术规范和指南均对施工过程中的健康与安全管理提出了要求，例如《固体废物处理处置工程技术导则》（HJ 2035—2013）、《建设用地土壤修复技术导则》（HJ 25.4—2019）、《污染地块地下水修复和风险管控技术导则》（HJ 25.6—2019）、《地下水污染源防渗技术指南（试行）》等。

《固体废物处理处置工程技术导则》（HJ 2035—2013）的"劳动安全与职业卫生"中，明确要求："固体废物处理处置工程在设计、建设和运行过程中，应高度重视劳动安全和职业卫生，采取相应措施，消除事故隐患，防止事故发生。"并且要求："劳动安全和职业卫生设施应与固体废物处理处置工程同时设计、同时施工、同时投产使用。"即实现"三同时"。要求"对劳动者进行安全与职业卫生培训，提供所需的防护用品，定期进行健康检查"。同时，根据固体废物处理处置工程、处理处置工艺，对可能产生的安全风险环节提出了健康及安全防护设计要求："危险化学品的使用应符合《危险化学品安全管理条例》。""建立并严格执行经常性和定期性的安全检查制度，制定安全事故应急预案。"对职业卫生设计也提出了要求："职业卫生设计应符合《工业企业设计卫生标准》（GBZ 1）、《工作场所有害因素职业接触限值　第 1 部分：化学有害因素》（GBZ 2.1）、《工作场所有害因素职业接触限值　第 2 部分：物理因素》（GBZ 2.2）的要求。""操作室和工作岗位应采取采暖、通风、除尘、隔声等措施，防止职业病发生，保护劳动者健康。"要求固体废物处理处置单位制定有关环境污染事故和安全的应急预案，明确相关的风险防范措施，并定期组织工作人员进行应对风险发生的培训和演练。《固体废物处理处置工程技术导则》（HJ 2035）对固体废物处理和处置工程中的健康与安全规定相对完善，与我国现行的有关职业卫生和安全体系衔接较为紧密。

2017 年 11 月《污染地块修复技术指南 固化 / 稳定化技术（试行）》（征求意见稿）中提到，固化 / 稳定化实施过程操作不当，可能会造成人员伤害和环境安全风险，包括 8 种出现物理和化学风险的情形和相对应的风险类型，并且针对不同风险类型提出了相对应的保护措施及个人防护装备要求。同时，对修复过程可能涉及的人员进行明确，提出了 8 个健康与安全防护要点，包括："①指定健康与安全责任人；②施工前需制定意外或伤害事故汇报制度；③制定现场应急措施，并告知所有工作人员和应急救护人员；④对所有员工提出健康与安全培训要求；⑤对新员工或地块参观、来访人员进行简单的安全知识培训；⑥遵守国家和地方安全生产法律法规；⑦制订工作过程健康与安全计划；⑧针对可能产生风险的各项活动进行预测与评估。" 2017 年 11 月，《污染地块风险管控技术指南 阻隔技术（试行）》（征求意见稿）提出："土壤阻隔措施维护活动要遵守职业安全与健康管理部门及相关地块风险管理要求。地块巡视员和建设工人是安全维护的重点。"

2017 年 11 月，《铬污染地块风险管控技术指南（试行）》（征求意见稿）对施工管理和安全防护采取封闭施工、禁止无关人员进入以及设置安全防护栏等措施，并且对消防提出要求。"为严格施工管理和加强安全防护，现场须通过现有围墙和搭建施丁围挡形成封闭施工区垓，禁止无关人员出入。须在施工区域周边设置安全防护栏杆，并挂密目安全网，防止发生危险。""现场须组建消防队伍，生产设施处设置灭火器材，禁止携带易燃物品和火种进入施工现场，采取防火放电防雷防台风等应急措施，防止现场出现安全事件。"在"重污染渣土挖掘清淤处置设计"中，包括"挖掘施工组织方案，护坡方式及劳动安全措施，防扬尘、雨水等环境保护措施"。"附录 1 实施方案编制大纲和主要内容概要"中的"节能、劳动卫生安全和消防设计"中，明确提出："①从项目所在地的能源供应状况，分析拟建项目的能源消耗种类和数量，为优化用能结构、满足相关技术政策和设计标准而采取的主要节能降耗措施，对节能效果进行分析论证。②论证在项目建设过程中存在的对劳动者和财产可能产生的不安全因素，并提出相应的防范措施。阐述拟建项目所遵循的国家和地方劳动卫生标准和项目建设过程中危害职工安全和健康的因素及防护措施。③分析项目在建设过程中可能存在的火灾隐患和重点消防部位。"

《建设用地土壤污染状况调查技术导则》（HJ 25.1—2019）明确要求，在现场踏勘前，根据地块的具体情况掌握相应的安全卫生防护知识，并装备必要的防护用品。在土壤污染状况调查阶段，需要制订调查人员健康和安全防护计划，现场采样前需要准备安全防护装备。

《建设用地土壤修复技术导则》（HJ 25.4—2019）中基本原则明确，方案制定应遵循“安全性原则”“制定地块土壤修复方案要确保地块修复工程实施安全，防止对施工人员、周边人群健康以及生态环境产生危害和二次污染”，并将“健康安全防护”费用纳入修复工程费用中。要求在“制订环境管理计划”中提出“环境应急安全计划”，详细给出环境应急安全计划包含的主要内容。“为了确保地块修复过程中施工人员与周边居民的安全，应制订周密的地块修复工程环境应急安全计划。”其内容包括安全问题识别、需要采取的预防措施、突发事故时的应急措施、必须配备的安全防护装备和安全防护培训等。修复技术筛选及修复方案设计时，均应遵循“安全性原则”。

《污染地块地下水修复和风险管控技术导则》（HJ 25.6—2019）中同样在基本原则中提出“安全性原则”：“污染地块地下水修复和风险管控技术方案制定、工程设计及施工时，要确保工程实施安全，应防止对施工人员、周边人群健康和生态受体产生危害。”在做方案比选时，需要考虑对施工人员、周边人群健康和生态受体的影响，且在技术路线中应包括“环境应急安全计划”。环境应急安全计划与二次污染防治计划和环境监测计划共同组成了环境管理计划。环境应急安全计划旨在“确保地块修复和风险管控过程中施工人员与周边人群和生态受体的安全”，应根据国家和地方环境应急相关法律法规、标准规范进行编制，其内容包括安全问题识别、预防措施、突发事故应急措施、安全防护装备和安全防护培训等。同时要求在施工过程中“落实安全和质量保证措施”。“保证安全、质量、进度、成本等目标的全面实现。”“运行维护方案编制”中也须包括“安全运行管理制度建立”。

2020 年 4 月发布的《地下水污染源防渗技术指南（试行）》中对防渗材料及施工工艺提出“符合健康、安全、环保的要求”。同时，在“自动连接装置检测”中明确了“技术流程”，要求“将井口打开，检测井内有毒有害气体含量合格后，作业人员穿戴安全防护设备进入井内”。

由此看出，HJ 2035 是我国生态环境治理方面提出的治理工程中注重健康与安全比较早的技术规范。到 2017 年，两个污染修复治理技术指南的征求意见稿中，较早地提出了污染修复场地工程施工中应注意的健康与安全风险。2018 年 12 月，生态环境部土壤环境管理司在全国土壤环境管理和风险管控培训班上，就污染场地修复中的健康与安全管理进行了专题研讨，生态环境部环境规划院孙宁研究员做了题为《污染场地修复工程安全与健康管理案例分析》的报告，引起了地方各级生态环境主管部门的重视。因此，在 2019 年颁布的 HJ 25.1、HJ 25.4、HJ 25.6 和 2020 年

4月颁布的《地下水污染源防渗技术指南（试行）》等技术规范和指南中，分别从场地调查、土壤和地下水修复方案编制等多个方面，对污染场地调查和修复过程中可能产生的健康与安全风险做出了较为详细的指引和规范。

2019年以来，我国在开展重点行业企业详查工作中，涉及调查企业有关闭地块和在产地块，企业类型多样。特别是在产企业，在调查过程中，风险防范至关重要。生态环境部办公厅发布的《关于进一步稳妥推进重点行业企业用地土壤污染状况调查工作的通知》（环办土壤函〔2019〕818号）从遵守国家和地方相关法律法规、技术规范、事故应急管理方案、安全工作方案、入场培训、安全检查、识别危险因素、设立标识牌和安全警示线，以及采取必要的人员防护措施等几个方面，提出了施工过程中的健康和安全防护要求。

综上所述，我国以现有职业卫生和安全相关法律法规、部门规章、技术规范标准为主要管理依据，以现有生态环境部门相关管理文件作为重要补充，基本构成了污染修复工程健康与安全管理的重要依据。但针对典型污染场地修复工程健康安全管理，缺乏统一指导性的管理文件。

3.4 我国典型职业健康与安全防护管理案例分析

目前，我国污染场地修复与风险管控工程，一般依据调查评估报告、修复工程实施方案、可行性研究报告以及施工组织设计等技术文件，只有少数项目开展初步设计、施工图设计等，极少开展健康与安全设计及评估工作，缺少专门针对修复工程开展的职业卫生专篇和安全专篇设计文件或评估文件。

修复工程实施方案及可行性研究报告一般对环境二次污染物与防治措施进行设计，而对施工过程中的健康与安全设计相对较少。根据我国现有建设项目健康与安全管理，一般在初步设计阶段开展安全专篇设计和职业卫生健康专篇设计。在修复治理工程实施过程中若缺少初步设计，会导致修复工程缺少职业卫生专篇设计或安全专篇设计。因此，修复工程方案设计本身存在一定的健康与安全设计缺陷或风险。

课题组调研和收集了国内9个典型污染修复工程健康安全防控案例（表3-1），调研分析内容包括：①工程基本概况（项目名称、地点、工程修复目标污染物及其特性、修复工程量、修复工艺、修复期等）；②修复工艺流程介绍、主要施工组织设计方案、重大专项设计方案等；③修复工程安全健康危险有害因素；④健康安全管理制度；⑤安全设计和安全管理措施；⑥健康防护措施；⑦人体健康安全防护；⑧健康安全应急预案；⑨重要措施或重要管理场景（安全教育等）的现场照片等。

表 3-1　典型案例基本情况汇总

案例类型	污染场地	特征污染物	主要修复工艺	区域
有机污染物	某石油化工污染场地	苯、氯苯和石油类等有机污染物	主要修复技术为原位热脱附技术。是迄今为止国内最大原位热脱附修复项目	江苏杭州
	某制药厂污染场地	挥发性有机物、挥发及半挥发性有机复合污染物两种。其中，半挥发性有机污染物主要为总石油烃；挥发性有机污染物为苯、乙苯、氯苯、顺-1, 2-二氯乙烯、1, 2, 3-三氯丙烷、1, 3, 5-三甲基苯	采用常温解析与化学氧化技术	上海
	某地下储油罐泄漏	BTEX	原地异位化学氧化技术处理场地中的污染土壤+采用隔离抽出处理技术	广东深圳
	某煤制气污染场地	PAHs、BTEX	异位焚烧（水泥窑）+原位化学氧化	北京
重金属	某 Cr（Ⅵ）污染建筑垃圾	总铬、六价铬	湿法解毒技术处理	—
	某铬盐化工厂污染场地	六价铬	异位化学还原稳定化与原地原位高压旋喷技术联用工艺	山东济南
	某铬盐厂铬污染场地土壤修复项目	六价铬、总铬	药剂还原稳定化/湿法解毒+一般工业固体废物填埋场填埋	甘肃民乐
	某氯碱化工含汞盐污泥污染场地	含重金属汞	热解吸+固化稳定化+安全填埋	云南安宁
危险化学品	天津 8·12 火灾爆炸现场	以剧毒氰化物为主要污染物	污染土转运及焚烧处置	天津

根据调研组收集到的 9 个健康安全管理案例，从风险源识别（健康安全有害因素）、健康安全管理制度的建立、健康安全防护设计、防护措施落实以及现场检测五个方面分析，结果见表 3-2。

表 3-2　健康安全案例分析

案例类型	污染场地	风险源识别	管理制度	防护设计	防护措施	现场检测
有机污染物	某石油化工污染场地	-	+	-	+	-
	某化工厂污染场地	-	+	+	+	+
	某地下储油罐泄漏	+	-	-	+	+
	某煤制气污染场地	+	-	-	+	-
重金属污染	某 Cr（Ⅵ）污染建筑垃圾	-	+	-	+	-
	某铬盐化工厂污染场地	+	-	+	+	-
	某铬盐厂铬污染场地土壤修复项目	-	+	-	+	-
	某氯碱化工含汞盐污泥污染场地	-	+	-	+	-
危险化学品	天津 8·12 火灾爆炸现场	-	+	-	+	+

从表 3-2 可以看出，9 个案例工程中，所有工程均采取了一定的健康安全防护措施，6 个工程有相对明确的健康安全管理制度和管理目标（其中两个工程采用 HSE 一体化管理模式），1/3 的工程开展了风险源识别（危险有害因素识别），3 个工程明确开展了现场健康安全检测，2 个工程有明确的健康安全防护设计（这可能与所收集案例中未收集到施工组织设计或者专项健康安全设计有关，所收集内容基本为现场管理措施）。

由此可见，因施工企业和修复工程项目的差异，我国现有典型污染场地修复工程健康安全管理存在较大差异，没有相对统一和规范的模式。由于大部分工程未开展风险源识别工作，无法判断其健康安全防护措施是否全面；大部分工程建立了管理制度，但管理制度完善程度不同，仅少数项目建立了一套相对完善的管理制度；仅极个别工程有相应的健康和安全设计内容或有关的专项设计内容；工程实施过程中采取了一定的健康安全防护措施和个人防护措施，采取的措施比较有效，在一定程度上保护了修复工程的正常有效进行；针对场地施工过程的健康安全环境监测工程相对较少，大多数不能及时发现。

通过对比美国、德国和我国污染场地修复工程相关制度和典型污染场地管理案例，得出以下结论：①国内外关于污染场地修复工程均未有专门的、统一的制度管理文件，但有与职业健康和安全管理相关的文件作为支撑；②美国要求污染修复工程制订职业健康安全管理计划，且有较为完善的管理培训要求，污染修复公司一般建有完善的环境、健康和安全（EHS）管理体系；③德国针对具体修复工程，有详细且较为完备的健康安全管理文件，并且管理文件中每一项都明确列出了相应的具体内容，比较翔实，具有极强的可操作性；④我国在职业卫生和安全生产方面有相关的法律支撑，且在生态环境主管部门的调查和修复方案技术导则中有部分内容涉及，但没有相对具体和翔实的工程管理文件作为支持，同时未对污染场地修复工程管理人员有培训要求，存在一定的健康安全管理风险。

因此，为有效控制污染修复场地可能产生的健康安全风险，有必要探索一套污染场地修复工程健康安全监督管理体系，实现污染场地修复工程安全运行，保证施工安全和人体健康。

3.5 职业健康防控体系构建

针对污染场地风险管控与修复工程人体健康防控，整合我国职业卫生和生态环境保护相关法律法规、标准、技术规范以及指南等技术文件，同时整理收集分析、归纳总结我国已有典型污染地块风险防控与修复工程的健康安全防控经验，分别从污染地块风险管控与修复工程的方案设计、施工以及效果评估过程中与人体健康相关的健康有害因素识别、防控措施设计、管理、培训、措施落实、监测和反馈等方面提出具体要求。在土壤污染状况调查、风险评估、后期环境监管等几个方面提出管理要求。

3.5.1 健康防控工作程序

污染地块风险管控与修复工程健康防控工作程序一般包括健康有害因素识别、健康有害因素防控设计、健康防控管理体系及健康安全培训、个人防护、现场风险因素状况与水平监测、开展健康风险防控成效总结等几个部分。健康防控工作程序如图 3-1 所示。

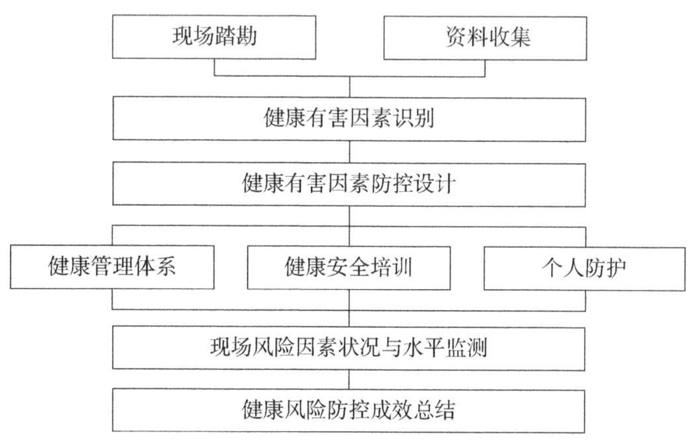

图 3-1 健康防控工作程序

3.5.2 健康有害因素识别

准确识别污染场地修复与污染控制过程中的健康安全有害因素，是健康防控的基础。健康有害因素识别方法一般采用经验法和系统分析法。①经验法：适用于有参考先例、有以往经验可以借鉴的系统。a. 对照、经验法：对照有关标准、法规、检查表或依靠分析人员的观察分析能力，借助经验、判断能力对评价对象的危险、有害因素进行分析的方法。b. 类比法：利用相同或相似工程或作业条件的经验和劳动安全卫生的统计资料来类推、分析评价对象的危险、有害因素。c. 案例法：收集整理国内外相同或相似工程发生事故的原因和后果，相类似的工艺条件、设备发生事故的原因和后果，对评价对象的危险、有害因素进行分析的方法。②系统分析法：常用于复杂、没有事故经验的新开发系统。常用事件树、事故树等。

依据《职业病危害因素分类目录》（国卫疾控发〔2015〕92 号），结合污染地块风险管控与修复工程的特征，给出污染地块风险管控与修复工程涉及的健康有害因素，一般包括有害粉尘、化学因素、物理因素、生物因素和其他因素五大类。

对于健康有害因素识别，一般从风险评估报告中关于超过人体健康风险的污染物、污染地块特征污染物、修复药剂、原辅材料、修复工艺、施工工艺、设备（设施）等多个方面、全方位地识别其潜在的有害粉尘、化学因素、物理因素、生物因素以及其他健康危险有害因素。重金属污染地块应重点识别土壤开挖、筛分、破碎、原位 / 异位药剂拌和、回填等环节中产生的含有污染物粉尘，污染地下水抽出等过程产生的含有毒有害物质的受污染水，含有挥发性汞污染地块还应特别识别汞蒸气风险源；有机污染地块应重点识别有害粉尘，土壤开挖、筛分、破碎、原位 / 异位药剂拌和与反应、热处理、地下水抽出处理等处置过程中逸散的化学因素（主要指有害气体）；复合污染地块应兼顾有害粉尘及化学因素两个方面。在识别过程中还应结合地块的特征污染物，风险管控与修复工程使用的药剂、工艺等，识别相应的健康有害因素。例如，使用修复药剂的工程，还应识别各药剂的危害特性，以及药剂之间反应产物导致的危害性；识别风控或修复过程中可能存在的噪声、高温、低温、电流电压、易燃易爆、振动等物理因素；对于涉及微生物修复治理工艺的，应充分识别生物因素风险；涉及其他有害因素的，还应识别其他健康有害因素。识别出的健康有害因素，可以参照 GBZ/T 225、GBZ/T 229.1、GBZ/T 229.2、GBZ/T 229.3、GBZ/T 229.4、GBZ 230 等开展工作场所危害作业分级，确定健康防护等级。

3.5.3　健康有害因素防控设计

健康安全防护设计是修复工程得以顺利实施的基础，是健康安全防护重要的“源头防控”措施，是实现修复工程本质健康本质安全的基础。健康有害因素防控设计一般应遵循“削减风险源 + 风险源管控 + 个人防护”的防控总体思路。健康有害因素设计应从以下八个方面进行考虑：

1）健康有害因素防控设计应依据识别出的健康有害因素，提出可消除或降低健康风险的合理化建议、目标及标准，明确不同健康防护等级的防控目标与标准，对可通过采用安全环保设备等达到健康风险防控标准的区域，执行对应的工作场所有害因素职业接触限制等规范要求；难以通过安全环保设备达到防控标准的区域，应提高现场作业人员的防护装备等级，以降低健康风险。

2）在经济、技术合理的条件下，应优先选择先进的、有利于防治职业病和保护劳动者健康的安全绿色药剂、新技术、新工艺、新设备，逐步替代职业病危害严重的、具有高毒或高风险的药剂、技术、工艺、设备，优先采用机械化和自动化施工设备。

3）健康风险源防控，可参照 GBZ 1 等国家法律法规、标准以及技术规范等，对修复工程范围内产生或者可能产生的健康有害因素采取相应的防控措施，使其满足 GBZ 2.1、GBZ 2.2 等相关要求。一般包括密闭、防尘、防毒、防暑、防寒、防噪、减震、防非电离辐射等措施。

4）健康有害因素源防控措施一般包括：①对于相对集中逸散粉尘的修复工艺或施工过程，应对产尘区域或设备采取密闭措施；②设置适宜的局部排风除尘；③采用洒水降尘等湿式除尘措施，降尘仍不能满足健康要求时，应采用其他通风除尘方式。

5）根据健康有害因素状况，采取有效的个人防护措施。个人防护措施可根据健康防护要求，配备不同防护等级的个人防护用品或装备。在进入对应健康防护分区前，应确保按照相应防护等级正确穿戴防护用品或装备。进入高暴露风险区域，除应正确穿戴防护用品或装备外，还应保证至少两人进入该区域。

6）污染地块风险管控与修复工程总平面布置应按照 GB 50187 进行设计，并将施工作业区与生活区严格分开，并根据地形、风向等因素综合考虑，选择有利于健康与安全的区位作为施工生活区，将有害作业与无害作业分开，将高毒作业场所与其他作业场所隔离。

7）通风操作（控制）室和工作岗位应采取采暖、通风、防尘等措施，符合

GB 50019，噪声控制措施应符合 GBJ 87，防止职业病发生，保护劳动者健康。

8）在某些狭窄封闭或半封闭场所、空间、设备或容器作业场所，以及可能突然泄漏大量有毒物质或者易造成急性中毒的作业场所，设计应符合 GBZ/T 205 等的要求，按照 GBZ/T 222、GBZ/T 223 等设置气体（含有毒气体）检测仪器或自动报警装置和事故通风设施，按照 GBZ/T 203、GBZ/T 204 等设置红色区域警示线、警示标识和中文警示说明、通信报警设备。在施工前，应事先采取下列措施：①保持作业场所良好的通风状态，确保作业场所污染物浓度符合国家职业卫生标准；②为施工人员配备符合国家职业卫生标准的防护用品；③设置现场监护人员和现场救援设备。

3.5.4 健康防控管理体系及健康安全培训

（1）健康防控管理体系

首先，污染地块风险管控与修复工程应结合国家和地方相关法律法规和规范要求，建立健康防控管理体系，明确健康防控管理的目标和主要内容等。建立包括工作制度、重大危险源管理制度、危险物品使用和管理制度、教育与培训制度、劳动防护用品发放使用和管理制度、作业环境管理制度、特种作业及特殊危险作业等管理制度，还包括岗位安全规范、安全操作规程，健康检查、相关标识等制度，以及事故调查应急管理制度等在内的管理体系。

其次，应重点强调个人防护用品佩戴检查制度和定期体检制度等。个人防护用品佩戴检查制度应要求所有进入污染区域进行作业的人员，必须经过污染地块治理单位人员确认并发放防护用具后，方可进入施工区，作业人员须经过专门的安全培训并通过考核才可进入施工区。高毒区域作业人员应执行轮班制，工作时间和休息时间根据实际情况确定。定期体检制度。施工人员根据年度体检计划，实施身体健康检查，并将体检情况记入员工健康档案。员工身体健康检查符合规定要求方可进场施工；凡经体检查出与所从事工种有关的禁忌症，不能适应现有岗位的员工，不可从事该岗位工作。工程施工前，应依据健康教育培训制度开展健康教育培训，考核合格后方可上岗。对其他需要进入工程实施范围的人员，应在进入现场前进行健康注意事项培训。

（2）健康安全培训

工程项目施工过程中涉及施工管理人员和施工人员，健康安全培训可分为项目管理人员健康安全培训和施工人员健康安全培训。项目管理人员健康培训应按照国家安全和职业卫生培训要求，在规定的期限内定期接受培训和考核，考核合格后方可作为项目管理人员。项目管理人员接受培训时间不得低于国家现行规定；施工人员健康防控培训可以与技术交底，工程安全、健康、环境管理培训同步进行。培训内容主要有与工程有关的健康防控体系、可能存在的健康风险有害因素、为防范健康防护所采取的措施、个人防护用品的正确使用以及应急处置等几个方面。施工人员健康防控培训时间不得低于国家现行规定。施工人员健康安全培训结束后应进行考核，合格后方可上岗。

施工人员健康防控培训的主要内容包括：修复工程有关原辅材料、设备、工具的安全、健康风险知识；地块特征污染物、间接污染物和二次污染物毒性特征；作业过程中存在的安全有害因素及安全防范措施；作业过程中存在的健康有害因素及其安全防范措施；个人卫生要求；个人防护用品及装备的正确使用；如何正确应对作业极端情况、事端、事故等；特种设备安全操作以及危险化学品安全使用方法等；特殊空间（密闭空间等）健康安全施工流程等。施工场所应按照 GBZ 158 的要求进行健康警示标识设置。对于高毒物品的警示标识和告知，应按照 GBZ/T 203、GBZ/T 204 的要求进行编制和张贴，并对警示标识进行培训。

3.5.5　个人防护

个人防护可以有效地减缓或消除工程实施对人体可能造成的伤害或职业病侵害。在修复工程前期，应根据场地修复现场特点分析存在的危险，并采取措施，尽最大可能减少危险。正确使用或穿戴个人防护用品是对相关人员的基本要求，保护他们不被侵害。

污染地块风险管控与修复工程应按照国家及行业相关规范配备个人防护用品。应根据识别出的健康有害因素和健康防护设计，按照健康风险等级，参照 GB 11651、GB/T 18664 呼吸防护用品的选择、使用与维护等要求配备隔绝式呼吸防护用品（长管呼吸器、正压式空气呼吸器和隔绝式紧急逃生呼吸器）、过滤式呼吸防护用品（高效滤尘盒、防尘口罩和防毒面具等）、护目镜、工作服、劳保手套、劳保鞋、防水靴、安全帽、耳塞等个人防护用具。个人防护用具应满足国家质量标准的要求。在噪声污染较为严重的区域，必要时应采取措施降低噪声，配备听力防护器材。

正确佩戴个人防护用品是保障个人防护用品有效性的重要手段。相关人员应经过个人防护用品佩戴培训，掌握正确佩戴要求，严格遵守防护用品的使用说明，并遵循一般性使用原则；当使用一次性连体工作服时，在每次休息后或每次轮班开始前，穿上一件干净的工作服；在使用前和使用时，检查所有衣服、手套和靴子是否存在不符合穿戴要求的情况，如果存在，立即更换新的防护用品；呼吸器和其他非一次性器材应被彻底清洁后置于洁净的存储区域，呼吸器清洗维护严格执行相应的产品使用说明书；面罩可自然风干，然后置于无菌袋内，存放于洁净区域。

施工人员健康安全行为。施工人员不得进行任何违章操作或违规指挥；在场地工作区域，任何时间不允许吸烟、喝水（包括酒、饮料）或进食。在离开工作区域时，应迅速风淋、洗手、洗脸；进入相应分级作业区时，必须按照级别要求佩戴个人防护用品，不佩戴者不允许进入工作区；在所有受控工作区，尤其是重污染区域内，不得个人单独工作，须两人以上方可作业；注意个人卫生，做到勤洗手、勤洗衣、勤洗澡；对于涉剧毒类污染物地块，应配备防生化服等个人防护装备；开展职业健康检查，由专业第三方提供职业健康体检报告；重金属铅、锌、镉、铜、镍污染土壤修复健康防控，还应执行《重金属铅、锌、镉、铜、镍污染土壤原地修复技术规范》（HG/T 20713）中的相关要求。微生物法修复化工污染土壤健康防控，还应执行《微生物法修复化工污染土壤技术规范》（HG/T 20719）中的相关要求。

3.5.6 现场风险因素状况与水平监测

现场风险因素状况与水平是保障施工人员所处环境安全的重要标志，主要包括以下七个方面：

1）工程应制订完善的健康监测计划，对各项职业健康风险因素与水平进行监测与监控。提出现场健康与安全监测的计划、内容、频次、方法等要求，同时关注职业病检查。

2）依据 GBZ 159、GBZ/T 160、GBZ/T 189、GBZ/T 192 等相关要求，针对施工现场、施工空间所识别出的健康有害因素进行监测。一般可参考以下监测因子：粉尘检测包括总粉尘浓度、游离二氧化硅、重金属粉尘、石棉等易引起尘肺的粉尘物质、浓度和接触时间；化学检测包括风险管控和修复工程目标污染物、修复药剂和原辅材料的质量、修复施工过程中产生的二次污染物等物质组成和浓度水平；物理检测包括现场噪声、振动、高温、微波、紫外线等因素；生物检测包括污染地块中细菌、寄生虫或病毒等能引起疾病的指标。

3）监测可以为定期监测或实时监测。对污染地块地下水、地表水、环境空气和土壤中的污染物进行定期监测评估，对修复药剂、原辅材料等进行进场监测，对噪声、振动、温度等进行现场实时监测。

4）施工实施主体可以委托独立第三方机构，对工程开展现场风险因素状况与水平监测，建立管理档案。

5）施工实施主体建立、健全劳动者健康监护档案，组织劳动者进行上岗前、在岗期间、离岗时、应急时的职业性健康检查，并将检查结果如实告知劳动者。不得安排有职业禁忌症的劳动者从事其所禁忌的作业。健康检查项目、周期、职业禁忌症、健康档案管理等参照 GBZ 188 执行。

6）工程施工过程中产生的废气、废水、废渣、噪声及其他污染物排放，应严格执行国家生态环境保护法规、标准和批复等相关规定。

7）建立健全健康有害因素事故应急预案，对工程中涉及的水、电、火、气、尘、噪声、污染物、化学药剂、装备等对人体健康有潜在危害的因素，制定应急处置预案，保证应急救援工作科学、高效、有序地开展，并定期组织演练。

3.5.7　健康风险防控成效总结

修复工程实施结束（或者阶段性结束）后，宜开展健康风险防控成效总结，内容应包括预定目标完成情况、主要制度落实情况、防控措施落实情况、存在的问题和主要经验等。同时，应对人员健康情况进行跟踪评估。工程实施总结报告和相关监理报告中，应对健康风险防控措施落实情况逐项分析并评估其效果。

3.6　安全防控体系构建

3.6.1　安全有害因素

在场地修复与污染控制工程开展之前，应对安全风险进行识别，找出可能存在的危险、危害，以便采取相应的措施，如改进设计、增加安全设施等，从而提高工程的安全性。

根据《场地修复环境、健康和安全管理手册》（龚宇阳等，2016），场地修复与污染控制过程可能涉及的安全风险主要包括物体打击、车辆伤害、机械伤害、触电、淹溺、灼烫、火灾、高处坠落、坍塌、透水、爆炸等。

1）物体打击：指修复工程现场的物体在重力或其他外力的作用下产生运动，打击人体，造成人身伤亡事故。

2）车辆伤害：指各类修复工程所用的机动车辆在行驶中引起撞击或碾压人体，造成坠落、倒塌伤亡事故。

3）机械伤害：指各类修复工程用机械设备的运动或静止的部件、工具、加工件直接与人体接触，引起夹击、碰撞、剪切、卷入、绞、碾、割、刺等伤害。

4）触电：包括修复工程现场的雷击伤亡事故在内的各类触电事故。

5）淹溺：修复工程现场发生的各类淹溺事故，如发生在地表水体、污水处理池、缓冲池、暂存池、各类排水沟、渠中以及排水口处的淹溺等。

6）灼烫：指修复工程现场发生的火焰烧伤、高温物体烫伤、化学灼伤（酸、碱、盐、有机物引起的体内外灼伤）、物理灼伤（光、放射性物质引起的体内外灼伤）等。

7）火灾：各类修复工程现场的火灾事故会引起人身伤害、环境影响以及公共资产损失。

8）高处坠落：指在修复工程现场高处作业中发生坠落而造成的伤亡事故。

9）坍塌：指修复工程现场的物体在外力或重力作用下，超过自身的强度极限或因结构稳定性被破坏而造成的事故，如污染土壤清挖过程中的土石塌方、建（构）筑物污染清除过程中的脚手架坍塌、修复工程现场的堆置物倒塌等。

10）透水：场地修复与污染控制工程中的透水一般是指在土方开挖或河渠清淤过程中，地面水或地下水通过某种通道涌入开挖巷道，由此引发的事故。

11）爆炸：场地修复与污染控制工程中的爆炸可能涉及焚烧炉爆炸、容器爆炸，以及化学物品爆炸等。

3.6.2 安全管理制度建设

安全生产管理制度一般包括安全生产会议制度；安全生产资金投入，安全生产费用提取、管理制度；安全生产教育培训制度；安全生产检查制度和安全生产情况报告制度；建设项目安全设施、职业病防护设施，必须与主体工程同时设计、同时施工、同时投入生产和使用管理制度；安全生产考核和奖惩制度；岗位标准化操作制度；危险作业管理和职业卫生制度；生产安全事故隐患排查治理制度；重大危险源检测、监控、管理制度；劳动防护用品配备、管理和使用制度；安全设施、设备管理和检修、维护制度；特种作业人员管理制度；生产安全事故报告和调查处理制度等。污染地块风险管控与修复工程应根据工程特征，建立相应的安全生产管理制度。

其中，污染地块风险管控与修复工程需要建立良好的培训制度。在项目开始时，修复责任主体应进行安全交底和安全培训考试，通过现场教学、视频教学等方式开展施工安全事故案例培训。其中，安全技术交底包括污染物的毒性及个人防护措施、挖掘机安全技术交底、运营操作安全技术交底等。现场施工前实行三级安全教育，分别为公司的安全教育、项目部的安全教育和班组的安全教育。要求项目部全体人员通过安全教育考试后方可上岗。

3.6.3　安全技术措施

安全技术措施计划的核心是安全技术措施。按照危险、有害因素的类别可分为防火防爆安全技术措施、锅炉与压力容器安全技术措施、起重与机械安全技术措施、电气安全技术措施等。按照事故发生的原因可分为防止事故发生的安全技术措施、减少事故损失的安全技术措施等。

（1）防止事故发生的安全技术措施

防止事故发生的安全技术措施指为了防止事故发生而采取的约束、限制能量或危险物质，防止其意外释放的技术措施。技术措施有消除危险源、限制能量或危险物质、隔离等。①消除危险源。消除系统中的危险源，可以从根本上防止事故的发生。但是，按照现代安全工程的观点，彻底消除所有危险源是不可能的。因此，人们往往首先选择危险性较大、在现有技术条件下可以消除的危险源，作为优先考虑的对象。可以通过选择合适的工艺、技术、设备、设施，合理的结构形式，选择无害、无毒或不能致人伤害的物料来彻底消除某种危险源。②限制能量或危险物质。限制能量或危险物质可以防止事故的发生，如减少能量或危险物质的量，防止能量蓄积，安全地释放能量等。③隔离。隔离是一种常用的控制能量或危险物质的安全技术措施。采取隔离技术，既可以防止事故的发生，也可以防止事故的扩大，减少事故的损失。④故障－安全设计。在系统、设备、设施的一部分发生故障或破坏的情况下，在一定时间内也能保障安全的技术措施。通过设计，使系统、设备、设施发生故障或事故时处于低能状态，防止能量的意外释放。⑤减少故障和失误。通过增加安全系数、增加可靠性或设置安全监控系统等来减轻物体的不安全状态，减少物体的故障或事故的发生。

（2）减少事故损失的安全技术措施

常用的措施有隔离、设置薄弱环节、个体防护、避难与救援等。①隔离。把被保护对象与意外释放的能量或危险物质等隔开。隔离措施按照被保护对象与可能致害对象的关系可分为隔开、封闭和缓冲等。②设置薄弱环节。利用事先设计好的薄弱环节，使事故能量按照人们的意图释放，防止能量作用于被保护的人或物，如锅炉上的易熔塞、电路中的熔断器等。③个体防护。把人体与意外释放能量或危险物质隔离开，是一种不得已的隔离措施，却是保护人身安全的最后一道防线。④避难与救援。避难与救援主要是在保障在事故发生时或发生后，最大限度减少人员伤害。

污染地块风险管控与修复工程安全设计应在遵循国家相关法律法规、设计标准、设计规范的基础上，结合污染地块风险管控与修复工程识别出的安全有害因素，分别从防止事故发生的安全技术措施设计和减少事故损失的安全技术措施两个方面考虑，从源头上消除可能对人体、安全产生风险的危害源，最终实现修复工程的本质安全。对于专业性强、危险性大的修复工程施工项目，如坑槽支护与土方开挖工程、拆除与爆破工程等，除编制总体施工组织设计外，还单独编制专项施工方案。涉及深坑槽、地下暗挖工程的专项施工方案，应根据各地有关具体规定，组织专家进行论证。施工组织设计或专项施工方案按规定，经审核、批准后方可实施。我国《安全生产法》规定："生产经营单位新建、改建、扩建工程项目的安全设施，必须与主体工程同时设计、同时施工、同时投入生产和使用。安全设施投资应纳入建设项目概算。"因此，在污染地块风险管控与修复工程设计过程中，应注意安全设计的"三同时"原则。

3.6.4 安全措施落实

根据污染地块风险管控与修复工程可能存在的物体打击、车辆伤害、机械伤害、触电、火灾、坍塌、淹溺、高处坠落等安全有害因素，分别提出以下防控措施。

（1）物体打击防护措施

项目施工和项目拆除工作很可能导致材料或工具坠落，还可能导致抛光工具和其他电动工具的部件飞脱，从而造成工人的头部、眼部、肢体受伤。预防和控制此类危险的方法包括：①采用指定区域和限制区域丢弃和排放废弃物，采用滑道将废弃物从高层安全输送到下层；②在进行锯切、切割、研磨、抛光、凿削、雕琢作业时，采用适当的防护用具和固定方法；③保持通道畅通无阻，避免重型机械在散布的废弃物上行驶；④在脚手架和其他高空作业表面的边缘采用临时性坠落防护措施，如扶手和脚挡板，预防材料滑落；⑤进行爆破作业时，要疏散工作场地的人员；⑥如果在人员或建筑结构附近进行爆破，应使用爆破垫和其他阻挡方式减少飞起的石块或残片；⑦穿戴适当的个人防护用具（如有护边的安全眼镜、面具、头盔、安全鞋）。

（2）车辆伤害防护措施

可能暴露于车辆交通中的施工人员应采取以下安全措施：①在施工现场一律穿戴高可见度安全背心。②车辆运行路线上应人车分流。③必要时安置适当的标牌，以提示路面 / 停车场使用者，保护公众和现场施工的员工。④运输过程中遇有天气、道路路面状况发生变化，及时采取安全防护措施。要避雨时，应选择安全地点停放。遇有泥泞、颠簸、狭窄及山崖等路段时，应低速缓慢行驶，防止车辆侧滑、打滑、遗撒等，确保运输安全。⑤严格遵守交通规则，不能有超速、乱抢道等违章行车行为。运输途中应尽量避免紧急制动，转弯时车辆应减速。通过隧道、涵洞、立交桥时，要注意标高、限速。司机在工作时间内不能饮酒，严禁酒后驾驶，开车时要集中精神。⑥运输车辆必须按指定路线行驶，配合当地居民监督和服从交通管理机构检查与指挥。⑦司机必须积极参加安全学习会，进一步落实各项交通安全措施，增强安全行车意识。

（3）机械伤害防护措施

机械伤害防护主要措施有：①所有施工设备和机具使用时，必须由专职人员负责检查和维修，确保状况良好。各技术工种必须经过培训考核取得合格证，方可上岗操作，杜绝违章作业。大型机器的保险、限位装置、防护指示器等，必须齐全可靠。②对所有机械进行定期大检查并进行保养，司机每天进行班前检查，确保机械不带故障操作。③带电机械设备操作人员应注意检查带电体及电线的绝缘情况，避免漏电伤人。④各类机械佩挂技术性能牌和上岗操作人员名单牌。⑤必须严格定期保养制度，做好操作前、操作中和操作后设备的清洁润滑、紧固、调整和防腐工作。严禁机械设备超负荷使用、带病运转和在作业运转中进行维修。

（4）安全用电

施工现场安全用电和防火主要措施一般有：按施工现场安全用电技术规范的要求，对各类用电人员进行明确而详细的安全用电知识教育，各类用电人员应学会和掌握安全用电知识、操作规程。配电箱上锁，钥匙由专业维修电工掌管，他人不得破坏配电箱。维修电工必须每天检查配电线路，发现隐患及时处理，并做好记录。重视电气防火，在用电设备集中的地方，如变电所、配电室、发电机房等，应配置绝缘灭火器材，如 1211 干粉灭火器等，并禁止烟火。10 kV 及以下变压器装于地面时，设立离地 0.5 m 以上的高台；高压电周围应装设栅栏，高度不低于 1.7 m；栅栏与变压器外廊的距离不低于 1 m，并挂“止步”“高压危险”标识牌。

（5）防火措施

防火措施主要有：①建立健全的防火制度，并建立以项目总负责人为首的领导小组，常务办公室设在安全质量科，随时对全场的防火设施、防火标识进行检查，各区域设置防火安全责任人，落实防火措施，不符合国家及电力总公司防火规定的坚决整改。定期组织项目人员参加防火知识的学习。②在全体员工范围内开展形式多样的防火教育，进行消防演练。③在现场各片区按规定配备足够的消防水源及灭火器材，并挂明显的防火区标识。④定期进行检查，过期、失效的灭火器及时更换，确保灭火器材和防火设施有效、可靠。⑤需动火的工作尽量安排在后台安全区域内。若必须在现场施工，应派专人全过程监护，并配备与工作内容相适应的灭火器材；所有进入现场的施工人员，不得吸烟。若有违章，坚决给予重罚，对屡教不改的应清退出场。⑥对重点防火部位、易发生火险部位，配备足够的干粉灭火器材，随工程进度及范围不断扩大而及时增加干粉灭火器。消防器材应保证灵敏有效，干粉灭火器必须按规定时间更换干粉。灭火器材必须在经地方消防局批准的销售单位购置，不得购置对环保有影响的灭火器材。对购置伪劣器材而造成事故的，要追究当事人的责任。⑦施工现场要配备足够的消防器材，并做到布局合理，经常维护、保养。在寒冷季节应采取防冻保温措施，保证消防器材灵敏有效。⑧建立施工动火控制程序，严格执行动火审批制度。明火作业，监护人及灭火器材及时到位。在危险区域进行焊接、切割动火作业前，须到安全环保部门办理动火证，并有专人监护。

（6）坍塌安全措施

在污染土壤挖掘过程中，对于深基坑项目，由于基坑落差较大，开挖深度较大，为保障作业人员人身安全，在基坑边缘做好防护；机械挖土，多台阶同时开挖土方时，应验算边坡的稳定性，根据规定和验算确定挖土机离边坡的安全距离。施工过程中出现异常情况，必须及时报告，会同建设勘察、设计、监理、监测等单位研究处理；清土人员避开挖掘机臂半径处，清边缘土时，指定专人监护坑壁边的变化。严禁在坑边休息。土方开挖区域应设置围挡，并在周围设立警示牌。

（7）淹溺防护措施

主要措施有：对危险水域尽可能采取平安隔离或封闭措施，如岸边设置护栏、加盖等，使人们不能轻易接近、进入或误入；在淹溺高发地段尽可能设置围栏，同时设置醒目的警示标识，提醒附近人群，防止淹溺的发生。

（8）高处坠落防护措施

主要措施有：在主厂房以及其他危险的边沿，临空的一面装设安全网或防护栏杆。孔洞有盖板，临边有栏杆，密目安全网和水平安全网设置到位。高空作业人员做到持证上岗，作业前进行安全技术交底。日常安全督查工作到位，存在的安全隐患能及时得到整改。组织模拟演练，对应急处置方案进行有效性评价。必要时，对应急响应的要求进行调整或更新。

3.6.5 安全检查

安全检查一般包括以下几个方面：安全管理工作、现场安全检查、工作现场安全、作业者的安全行为、特别场所的安全检查等。①安全管理工作：安全管理组织机构是否成立，是否配备了专兼职安全员，专业安全人员素质是否切合要求；安全管理制度是否健全；安全生产过程中是否执行了“五同时”；事故的“四不放过”实行状况。②现场安全检查：a. 设备安全：设备是否有安全防护装置；设备的手柄、开关、按钮等是否在正确地点；应当悬挂的警告标志是否齐备；是否有阻碍正常运转的情况。b. 安全通道：人行安全通道是否切合要求；通道是否被物件侵占；通道上空是否有危险要素。③工作现场安全：地面状况、照明状况、防尘防毒设备是否运转正常，操作者四周环境是否对安全有影响，物件定置摆放状况。④作业者的安全行为：是否违反劳动纪律，是否违反操作规程，是否有指挥者违章指挥。⑤特别场所的安全检查：库房的防火防爆状况，暂时配电场所的特种防备用具的安全状况及防备设备状况，起重设备安全防备设备的状况，特种作业人员的持证状况。

3.7　健康安全防控体系构建

在整合我国职业卫生、安全生产和生态环境保护相关法律、法规、标准、技术规范以及指南等技术文件，整理收集分析、归纳总结我国已有典型污染场地修复工程的健康安全防控经验的基础上，提出构建“健康安全有害因素识别 - 健康安全管理目标和制度建设 - 健康安全防护设计 - 落实健康安全防护措施 - 实施健康安全防护监测”的污染场地修复与管控工程健康安全防控体系。

3.7.1　健康安全有害因素识别

准确识别污染场地修复与污染控制过程中的健康安全有害因素，是健康与安全防护的基础。

健康与安全风险识别，应以职业健康、安全生产和生态环境保护等方面的相关法律法规、标准、技术规范以及指南为依据，采用管理经验对照法和系统分析法等方法，从污染场地污染物、修复工程修复药剂、污染修复工艺过程、工程布置以及施工组织设计等多个方面，全方位地识别其潜在的有害因素。

污染场地修复与控制工程的主要健康安全有害因素有：修复过程中开挖、回填、破碎、筛分、混合、热处理等过程中产生的含有污染物粉尘，修复过程中产生的含有毒有害的化学品等毒物，修复设备产生的噪声、振动等物理性因素，修复工程中生物因素，以及其他各类相关职业危害因素。职业卫生健康有害因素包括物体打击、车辆伤害、机械伤害、触电、淹溺、灼烫、火灾、高处坠落、坍塌、透水、爆炸等。

3.7.2 健康安全管理目标和制度建设

建立健全规章制度是进行健康与安全管理的重要保障，是修复工程健康安全的纲领性文件，是健康安全措施得以顺利实施的指导性文件和保障措施，应在管理和修复工程全生命周期中执行。

污染修复工程应结合国家和地方相关法律法规和规范要求，确定治理修复或管控工程实施健康安全管理的目标。围绕目标，制定健康安全管理制度体系，明确制度名称和主要内容要求。

安全健康管理制度是修复工程健康安全的纲领性文件，管理制度明确管理责任部门和管理责任人，明确管理基本方针，提出具体管理目标，制定总体控制方案和管控措施，提出详尽的管理要求，对于关键位置提出特殊管理规定，规定健康与安全管理资金投入与来源等。管理制度应实现从修复工程实施开始至修复结束全生命周期管理。

健康与安全管理制度体系一般包括定期例行工作、设施、费用、重大危险源、危险物品使用、消防安全、交通安全、教育培训、劳动防护用品发放使用和管理、特种作业及特殊危险作业等管理制度，岗位安全规范、安全操作规程、职业健康检查、相关标志等制度，事故调查报告处理制度，应急管理制度，防灾减灾管理制度，奖惩制度，承包管理制度，作业环境管理制度等。

健康安全培训制度是管理制度的重要组成部分，是健康安全措施顺利实施的重要保障。培训制度有助于相关人员了解修复工程存在的潜在健康安全风险源、风险有害因素；有助于其了解健康安全防护设计内容，增加风险意识和风险防范意识；有助于其了解修复工程设施安全操作、合法操作，最大限度地降低物的不安全状态和人的不安全行为；有助于其了解个人防护装备的使用和维护方法，同时可以增加风险事故响应和紧急救护方法，最大限度地减少人员伤亡。

健康安全检查制度是健康安全防护设计落实的重要监督手段。一般健康安全检查内容包括：查思想、查管理、查隐患、查整改、查事故处理；检查主体上可以分为企业自查和管理部门监督性检查。

3.7.3 开展健康安全防护设计

健康安全防护设计是修复工程得以顺利实施的基础，是健康安全防护重要的

“源头防控”措施，是实现修复工程本质健康与本质安全的基础。

修复工程设计过程中，须包含健康安全防护必要的工程设计，从源头上消除可能对人体健康和安全产生风险的危害源，最终实现修复工程的本质健康与安全。

我国有较为完善的安全生产和职业卫生防护法律法规、标准和规范。在污染场地修复施工设计中，应严格遵守相关法律法规要求，充分考虑健康与安全的预防措施，使得修复工程设计满足相应标准和规范要求。这是污染场地修复工程得以顺利实施的前提和根本。特别是对专业性强、危险性大的修复工程施工项目，如坑槽支护与土方开挖工程、拆除与爆破工程，除编制总体施工组织设计外，还要单独编制专项施工方案。涉及深坑槽、地下暗挖工程的专项施工方案，应根据各地有关具体规定，组织专家进行论证。施工组织设计或专项施工方案，经审核、批准后方可实施。

在识别可能存在的健康安全危险有害因素基础上，对存在健康安全风险点加强防护设计。例如，设计采用无毒无害安全绿色修复药剂或修复工艺，设计采用安全修复工程设施，对不安全设施采取安全防护措施，对不能达到职业卫生标准的修复场所采取治理措施，使其达到相关人体健康要求。通过以上健康安全防护设计，从源头上消除可能对人体健康和安全产生风险的危害源，最终实现修复工程的本质健康与安全。

3.7.4　落实健康安全防护措施

好的健康与安全设计方案、完善的管理制度，如果仅停留在单纯的方案与管理制度层面而不能有效落实，将失去其意义。只有坚定地落实，才能发挥其应有的效果，才能最终保护人体的健康与安全。保障健康与安全就是保障“生命线”。

根据实施方案的要求，逐项进行落实，加强现场健康安全知识培训、应急管理培训，落实现场健康安全防护用品，加强过程中的监管，确保各项防护措施落实到位，保障修复工程人员健康和安全。

健康与安全防护措施应包括修复设备 / 设施（场所）安全防护措施和个人健康与安全防护措施。修复设备 / 设施（场所）安全防护措施主要是对处于不安全状态的设备 / 设施（场所）进行防护，消除其不安全因素，使其处于本质安全状态，使人体不被侵害。例如，可以使用安全设备 / 设施，对存在危险的设施 / 设备（场所）增加安全防护罩、隔离装置（隔离带），设置警示牌等。

针对可能存在的职业健康危险有害因素，可以通过消除或隔离危险有害因素、加强个人防护等措施，减轻其对人体健康的影响。例如，对粉尘及毒物产生的健康危害，可以在选择原辅材料时用无毒物质替代有毒物质、低毒物质替代高毒物质，采用机械化、自动化修复设备，进行粉尘治理、有毒作业区环境治理，配备应急救援用品等，消除或减缓其对人体健康的威胁；对高噪声设备或修复治理区，通过选择低噪声设备、减震降噪或个体防护等措施，消除或减弱其对人体健康的影响。

另外，个人健康与安全防护可以有效地减缓或消除工程实施对人体可能造成的安全伤害或职业病侵害。在修复工程前期，应根据场地修复现场特点，分析存在的危险，并采取措施，尽最大可能减少危险。正确使用或穿戴个人防护用品是对相关人员的基本要求，可保护他们不被侵害。

在健康与安全措施落实中，修复企业是责任主体，是防护措施的出资方和制度保障方，也是职工健康安全的最终受益方。因此，应加强修复企业的落实责任。

3.7.5 实施健康安全防护监测

实施健康安全防护检查与监测是修复工程健康安全措施得以持续发挥效益的重要保障。

土壤修复与污染控制工程中，应建立完善的健康与安全监测计划，对各项职业健康与安全因素进行监测与监控，为健康与安全管理提供确凿的数据基础，为工程措施的设计和落实提供可靠的决策依据。检测和监控应该以国家相关标准和技术规范为依据。

在企业自我检查与监测的同时，应加强工程监理和政府有关单位的监督检查力度，对企业开展定期和不定期的安全检查和职业卫生健康现场检查与监测，检查安全防护措施和个人健康防护措施是否健全有效，检查企业安全环境和健康环境是否达到国家相关标准和技术规范的要求。

在现场检查与监测的同时，应及时检查企业应急预案是否完备，检查是否对相关人员进行定期应急救援知识培训和演练，“应急响应”是否有效。

修复与管控工程实施机构应在施工图组织方案的编制过程中，按照上述“五步法”的要求，编制专门的健康安全防控实施内容，并在工程施工过程中逐项落实。

与此对应的，各级生态环境监管部门应开展健康安全防控监管工作，内容包括：①方案检查：对施工单位备案的施工组织实施方案中的健康安全防控内容的全面性、针对性和合理性进行检查。②现场检查：对施工现场各项措施要求的程序和效果进行监督检查。③成效评估：工程效果评估或者验收阶段，对健康安全防控方面的做法和效果进行评估。

3.8　健康安全管理对策

本书在总结和梳理国内外污染修复场地健康安全管理经验的基础上，针对我国污染修复场地健康安全管理现状，提出相应的管理对策与建议：

1）完善法律体系，明确环境、健康和安全边界，厘清法律责任主体和监管主体，并建立环境、健康与安全联动机制；

2）积极宣传，提高认识，全面重视污染修复工程健康和安全工作，统筹考虑污染修复场地环境、健康和安全问题；

3）在我国现有法律法规等管理体系研究基础上，结合我国污染场地修复工程特征，系统开展相关研究，形成相关指南，全面指导我国污染地块修复工程的健康和安全管理；

4）建立污染修复场地职业健康安全管理人员培训制度，开展培训工作，提高管理人员和从业人员素质；

5）加强污染场地修复工程环境、健康与安全管理制度建设，建立现场检查、现场监测与监控、应急预案管理等全方位的监管制度。

参考文献

[1] 王烁乾 . 欧美职业健康风险评估发展与启示 [J]. 现代职业安全，2022(1)：75-77.

[2] 张维，邢杨，叶飞，等 . 美英德职业健康管理方法启示与借鉴 [J]. 职业与健康，2018，34(16)：2278-2283.

[3] 陈林，刘国君 . 美国的职业健康保护：经验与启示——基于职业病诊断和工伤赔付的视角 [J]. 环境与职业医学，2017，34(7)：657-663.

[4] 吴大明，赵歌今，赵晓，等 . 美国作业场所职业安全健康体系综述与启示 [J]. 职业卫生与应急救援，2018，36(5)：477-481.

[5] 刘华炜，李欣，苏国胜，等 . 美国职业安全健康培训现状及启示 [J]. 安全、健康和环境，2014，14(7)：5-8.

[6] 龚伟，朱宝立 . 美国职业安全与健康研究所健康危害评估项目介绍 [J]. 中华劳动卫生职业病杂志，2015，33(12)：940-943.

[7] 高树生 . 德国的职业安全与健康管理 [J]. 安全与健康，2012(13)：31-32.

[8] 赵建刚 . 德国职业安全健康管理探析 [J]. 中国行政管理，2014(11)：123-125.

[9] 朱素蓉，戴云 . 英国职业卫生安全管理的发展 [J]. 职业卫生与应急救援，2014，32(4)：254-256.
[10] 吴广连 . 浅谈英国职业安全健康细节管理 [J]. 中国安全生产科学技术，2012，8(S1)：162-165.
[11] 冯元飞，赵维军 . 英国施工企业职业健康安全管理述评 [J]. 水运工程，2006(3)：22-25.
[12] 林琪 . 中外职业卫生管理对比分析 [D]. 天津：天津医科大学，2014.
[13] 何允玉 . 浅谈污染场地修复过程中的 HSE 管理 [J]. 资源节约与环保，2013(4)：14，16.
[14] 龚宇阳，李东明，等 . 环境、健康和安全管理手册 [M]. 北京：中国环境出版社，2016.
[15] 门大庆，杨燕，等 . 污染土壤挖运工程的职业健康安全管理与环境保护 [J]. 现代城市轨道交通，2011(2)：63-65.
[16] 叶兴凯，侯玭，范正杰，等 . 污染场地修复工程环境监理关键技术要点分析 [J]. 广州化工，2018，46(8)：89-92.
[17] 王国锋，李媛 . 某污染地块修复工程环境监理案例分析 [C]// 中国环境科学学会 2021 年科学技术年会——环境工程技术创新与应用分会场论文集（一）. 2021：295，302-307.
[18] 赵彬，侯德义，张昊，等 . 汞污染地块风险全生命周期管控技术体系研究 [J]. 中国环境科学，2022，42(5)：2423-2432.
[19] 可欣，周燕，张飞杰，等 . 污染场地修复药剂安全利用问题及对策 [J]. 环境科学研究，2021，34(6)：1473-1481.

第 4 章　焦化污染地块治理修复二次污染防治技术研究

4.1　研究背景与意义

我国是世界上最大的焦炭生产国和出口国。焦化行业污染物排放规模大，工序复杂且污染物种类繁多，场地易受到煤烟类物质、酚氰废水、焦油、煤渣等污染物的作用而呈现复合型污染特征。其中，多环芳烃类（Polycyclic Aromatic Hydrocarbons，PAHs）和重金属是焦化行业最为典型的特征污染物，具有难降解、易富集、持久和不可逆等特点，不仅会导致土壤质量恶化，也会通过食物摄取及皮肤接触等途径进入人体，危害健康。PAHs 主要来源于煤的不完全燃烧以及焦油煤气和其他化学产品的回收和加工；重金属主要来源于选煤废水下渗、堆煤受雨水淋洗和焦化废气沉降。近年来，随着产业结构的调整，大量焦化工厂搬迁，场地残留污染以及土地资源再利用问题日益突出。因此，焦化场地作为典型的工业污染场地，成为国内外土壤污染调查及修复的重点场地，亟须高度关注。

面临如此严峻的土壤环境形势，国家和地方越来越重视场地监管和污染场地修复，相继出台相关政策、行动计划等。"十三五"期间，我国开始实行建设用地土壤污染风险管控和修复名录制度。2016 年，国家发布了《土壤污染防治行动计划》，2018 年 8 月 31 日，第十三届全国人民代表大会常务委员会第五次会议通过了《中华人民共和国土壤污染防治法》，该法明确"支持土壤污染风险管控和修复、监测等污染防治科学技术研究开发、成果转化和推广应用，鼓励土壤污染防治产业发展"。随着我国污染防治攻坚战的深入，土壤修复行业向纵深发展。2019 年 1 月 1 日，《中华人民共和国土壤污染防治法》开始实施。截至 2020 年 12 月底，除西藏及港澳台地区外，30 个省（区、市）公示的建设用地土壤污染风险管控和修复名录中，污染土地有 695 块，面积达 6 006.71 万 m^2。目前，我国土壤修复产业迅速发展，大量污染地块亟待修复，场地修复市场份额剧增。据不完全统计，2021 年土壤修复行业总资金额约 150 亿元（包括工业污染场地修复、农田修复、场地调查、风险评估咨询服务等），其中，工业污染场地修复工程资金额约 90 亿元。

尽管近年来土壤环境管理制度体系在不断构建，但与日益扩张的土壤修复市场相比，仍显滞后，导致修复过程中对大气、地表水与地下水、声环境等造成二次污染，土壤环境问题和突发事件频发。2004 年，北京地铁五号线宋家庄站施工时发生农药类半挥发性有机物（SVOC）熏倒工人事件。2016 年，国内某市化工污染场地修复过程中氯苯、四氯化碳等严重超标，致使众人出现皮炎、血液指标异常等情况。2015 年，常州外国语学校污染事件直接推动我国场地修复二次污染成为场地环境管理的焦点。造成上述二次污染的原因主要包括以下四个方面：

1）目前我国焦化场地污染地块修复以时间短、见效快、能耗物耗大的异位修复为主，原位化学氧化、热脱附、气相抽提等原位修复技术仍以示范或中试为主。调查和风险评估普遍精度不够，缺少对污染物方量、分布的精细化分析，导致粗放修复、过度修复。2017 年欧盟委员会提交的报告显示，国外污染场地调查费用约占整个场地修复投入的 20%，而我国仅占 1%～3%。调查费用不足直接影响场地调查的精度和调查范围，导致对污染场地的情况了解不充分。

2）污染场地修复过程中，为保证修复效果，往往进行过度修复，造成修复药剂投加过量，能耗增大，对土地的二次扰动极大等问题，修复后缺少对整个修复过程的二次环境影响乃至社会经济影响评估。陈玉等利用化学氧化剂修复污染土壤，结果表明，向污染土壤分别施用 2.5 mmol/g 的过氧化氢、Fenton 试剂和高锰酸钾后，土壤中 7% 的有机质含量分别降至 4.19%、3.77%、2.98%。纳米药剂作为当前研究较多的修复药剂，应用于污染土壤修复时，也会对土壤组分产生一定负面影响。将 $nSiO_2$、$nTiO_2$、nZnO 三种纳米药剂施入水稻田的试验表明，三种纳米药剂均降低了土壤有机质含量，且三种不同浓度的 $nSiO_2$ 和 $nTiO_2$ 处理后，土壤有效磷和有效钾含量均降低。

3）污染场地修复工程实施过程中，缺乏有效的防控技术、药剂和专业装备。目前，大型污染场地以异位修复技术为主，开挖、运输、暂存等过程中，场地覆膜或膜结构车间隔离难以抑制污染物的挥发。例如，杭州农药厂开挖过程中，虽然覆盖了 20 000 m^2 的充气大棚，附近居民仍不能摆脱异味的影响。

4）没有形成控制二次污染的管理制度，缺乏多渠道的公众参与机制，缺少对修复过程中环境、社会、经济综合效益的总体把控。污染场地修复及管控的利益相关者众多，应建立有效的信息发布渠道，在污染地块修复全过程中加强信息公开，保障公众知情权，让利益相关者参与决策过程，提高公众参与和满意度，为实现场地修复的社会可持续性创造有利条件。例如，美国在污染场地修复再开发过程中，制定以社区为基础的计划项目，吸引并鼓励公众和社区居民参与，同时公众可行使监督权，及时发现潜在污染场地，监督污染场地的治理修复，增强污染场地及其再开发过程的安全性。

因此，面对我国城市化进程加快、修复市场快速膨胀的形势，迫切需要加强焦化污染地块治理修复二次污染防控技术研究，建立可持续的土壤环境管理体系，确保污染场地的修复、再开发工作绿色、安全地进行，污染场地修复工程二次污染来源见图 4-1。

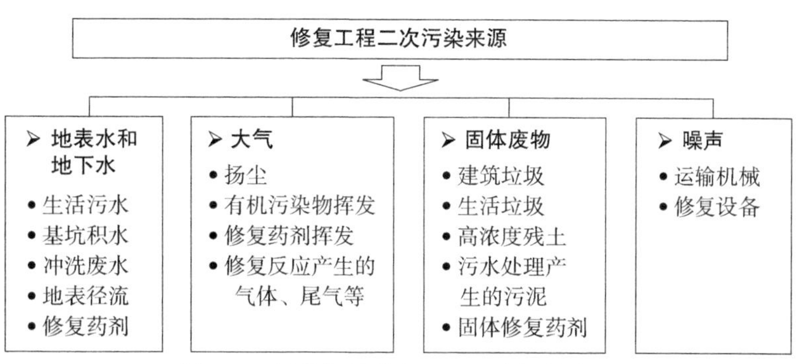

图 4-1　污染场地修复工程二次污染来源

4.2　国内外研究现状

4.2.1　国外现状

西方发达国家在应对土地污染的实践中，已经积累了丰富的经验，构建了基于土壤污染预防的立法机制和可持续的土壤环境保护政策体系，发展了绿色可持续的土壤环境修复管理与技术评价体系，并提出了多元的污染防治技术保障区域土壤环境安全。

荷兰 1987 年最早发布了《土壤保护法》。美国从《资源保护与恢复法》RCRA 修正行动计划，到超级基金 CERCLA 法案，再到棕地法案，逐渐涵盖了在产企业、历史遗留污染地块和再开发棕地的修复和风险管控。加拿大在《环境保护法案》的要求下开展了联邦污染场地行动计划。2006 年，欧盟发布《土壤专题策略》。英国、意大利、德国、瑞典、比利时、西班牙、日本等国家均发布了与污染土壤相关的法律法规。经过近半个世纪的发展，发达国家对污染场地的管理基本涵盖了在产企业、历史遗留地块和待开发棕地，经历了从污染物末端处置到质量标准控制、基于风险的土地管理，再到绿色可持续修复不同阶段。

4.2.1.1　加拿大和澳大利亚

20 世纪 70 年代以来，加拿大、澳大利亚等欧美发达国家在污染场地调查、修复及其环境管理方面进行了大量的研究与实践，制定了诸多导则、规范，主要内容包括以下四个方面：

1）在明确相关环境保护政策法规的基础上，设定适宜的环境目标和总体技术路线，明确政策法规对关键环境要素的要求及应对措施。

2）识别各种潜在环境问题。

3）建立防治措施和应急预案。

4）明确工程各参与方的职责，建立材料、交通工具、设备等使用和管理程序及台账，制订完整的环境监测计划。

澳大利亚、加拿大污染场地修复工程二次污染防治相关文件见表 4-1，主要内容见表 4-2。

场地业主是修复工程二次污染防治方案实施的责任方，既可以自己编制二次污染防治方案并实施，也可以委托修复工程承包商编制实施。二次污染防治措施可以作为修复工程实施方案的一部分，也可以单独编制。场地业主聘请监理单位对修复工程实施过程中二次污染防治措施的执行情况进行监督管理，确保防治措施落实到位。环境保护局负责对相关技术方案和结果进行备案或审批。

澳大利亚、加拿大对二次污染防治方案的编制基于国家和地方相关环境保护法规，以及场地修复工程的环境影响评价报告书（报告表、登记表）或许可证。防治重点在于，设立合适的组织管理机构，建立完备的人员培训、资料备案、日常沟通等配套措施，以落实二次污染防治措施。

4.2.1.2 美国

（1）许可证制度

通过研究发现，美国污染场地修复的环境管理主要靠许可证制度。20 世纪 70 年代起，排污许可证制度作为一种污染物减排的有效措施，在一些发达国家被率先运用，并逐渐被各国所接受。美国的排污许可证制度以框架完善、规范细致、措施创新和成效显著而著称。1970 年，美国制定了《废物排放许可证计划》，1977 年和 1990 年，国会通过了《清洁水法》和《清洁空气法》，这是美国实施水 / 空气污染物排放许可制度的法律基础。美国排放许可制度，无论是水污染物许可，还是空气质量许可，都属于前置审批性质，而非事后承认性质。

发放许可证只是美国许可证管理体系的一个步骤，后期管理还包括排放监测、检测结果报告、许可证的更新管理等一系列监督管理和实施机制。其中，对排污许可证持有者的法律义务规定非常详尽：许可证有效期满后，必须重新申请；安装可靠的控制系统来确保许可证的正确运行；建立排污监测和监测结果报告制度；在排放污染物的方式、数量、性质等发生变化并达到一定幅度时，应予以报告。许可证包括环境问题识别、环境问题应对措施、环境监测、结果报告等内容。

表 4-1　澳大利亚、加拿大与污染场地修复工程二次污染防治相关的文件

国家	州	文件名称	发布机构	发布时间
澳大利亚		*Environmental Guidelines For Preparation of an Environment Management Plan*	环境保护局	2009 年
	新南威尔士州	*Managing Land Contamination Planning Guidelines SEP 55–Remediation of Land*	城市事务与规划部	1998 年
		Guidelines for Implementing the Protection of the Environment Operations (Underground Petroleum Storage Systems)	新威尔士环境、气候变化与水资源部	2008 年
		Guideline for the Preparation of Environmental Management Plans	基础设施、计划和自然资源部	2000 年
	南澳大利亚	*EPA Guidelines for Environmental Management of On-site Remediation*	环境保护局	2006 年
		Guidelines for the Site Contamination Audit System	环境保护局	2009 年
	维多利亚	*EPA Contaminated Environments Strategy*	环境保护局	2013 年
		Site Environmental Management Plan Kit Guidance Notes	环境保护局，维多利亚州政府	
		Environmental Management Plan		
	西澳大利亚	*Certificate of Contamination Audit Scheme (Contaminated Sites Management Series)*	环境保护部	2000 年
加拿大		*National Contaminated Sites Remediation Program*, *NCSRP*	加拿大环境部长理事会	
		Guidance Document on Federal Interim Groundwater Quality Guidelines for Federal Contaminated SitesFederal Contaminated Sites Action Plan (FCSAP)	加拿大政府	2010 年
	纽芬兰与拉布拉多省	*Environmental Protection Plan Guidelines*	国家能源局，加拿大纽芬兰与拉布拉多省海上石油董事会，加拿大新斯科舍省海上石油董事会	2013 年
	新斯科舍省			
	安大略省	*Environmental Management Protocol for Fule Handling Sites in Ontario*	技术标准及安全局	2012 年
	萨斯喀彻温省	*Redeveloping Brownfields in Saskatoon*	计划发展科	2009 年
	西北地区	*Guideline for Contaminated Site Remediation*		
	努纳武特地区	*Environmental Guidences for Site Remediation*	可持续发展环保服务部	2002 年
		Overview of Contaminated Site Program Nunavut Region	努纳武特地区矿业研讨会，原住民事务和北方发展部	2014 年
		Environmental Guideline for Contaminated Site Remediation	努纳武特地区环境部	2009 年

表 4-2　澳大利亚、加拿大二次污染防治的主要内容

文件名称	*Environmental Guidelines For Preparation of an Environment Management Plan* （环境管理计划制定标准）（Au.EPA）	*Guideline for the Preparation of Environmental Management Plans* （环境管理计划编制指南） （新南威尔士）	*EPA Guidelines for Environmental Management of On-site Remediation* （EPA 现场修复环境管理指南） （南澳大利亚）	*Environmental Protection Plan Guidelines* （环境保护计划指南）（加拿大）
主要内容	1. 概述 2. 二次污染防治的目的 3. 二次污染防治的准备 3.1 提交公案 3.1.1　一般要求 3.1.2　建议 / 现存活动的关键特征 3.1.3　计划、详细说明、图表 3.2 环境因素 3.2.1　噪声管理 3.2.2　水管理 3.2.3　废水管理 3.2.4　空气管理 3.2.5　废物管理 3.2.6　特殊废物 3.2.7　污染土地 3.2.8　有害物质管理 4. 二次污染防治报告结构 4.1 总论 4.2 关键特征 4.3 环境因素 4.4 计划、详细说明、图表 5. 二次污染防治提交公案核对用清单 6. 二次污染防治的上传 附录 A　二次污染防治详细信息	1. 背景 1.1 引言 1.2 项目介绍 1.3 EMP 背景 1.4 EMP 目标 1.5 环境政策 2. 环境管理 2.1 审批和许可要求 2.2 报告 2.3 环保培训 3. 执行 3.1 环境管理结构和职责 3.2 审批和许可要求 3.3 报告 3.4 环保培训 3.5 紧急联系人和回复 4. 监督和审查 4.1 环境监督 4.2 环境审计 4.3 纠正措施 5. EMP 审查	1. 引言 2. 本导则的应用 3. 监管框架 4. EPA 的期望 5. 修复管理计划 6. 环境管理因素 附录 A　角色和职责 附录 B　修复管理计划 附录 C　环境因素——空气质量 附录 D　环境因素——噪声 附录 E　环境因素——地表水 附录 F　环境因素——土壤质量 附录 G　环境因素——地下水管理 附录 H　环境因素——动植物 附录 I　环境因素——遗产 附录 J　社会因素——咨询和参与 附录 K　结构因素	1. 一般原则 2. 目的和范围 3. 环境政策声明 4. 适用的计划和行动 4.1 危害识别、风险评估和减灾 4.2 法律要求 4.3 运营商承诺 4.4 指导和采用的标准 4.5 排放限值 5. 实施和操作 5.1 资源、角色、职责和权限 5.2 承诺、能力和培训 5.3 通信联络 5.4 文档控制 5.5 运行控制 5.5.1　操作和维护程序 5.5.2　环保重要的结构、设施、设备和系统 5.6 化学物质的选择和使用 5.7 废弃材料的处置 5.8 变更管理 5.9 环境事故 5.9.1　应急准备和响应 5.9.2　事故报告和调查 5.10 核查及持续改进

（2）绿色可持续修复技术

近年来，在欧美等发达国家和地区，综合考虑环境、社会、经济影响的绿色可持续修复理念逐渐兴起。当前，国际上绿色可持续修复框架主要分为三类：①以可持续修复论坛（Sustainable Remediation Forum，SuRF）为代表的可持续修复框架；②以美国国家环境保护局（Environmental Protection Agency，EPA）为代表的绿色修复框架；③以美国州际技术与管理委员（Interstate Technology & Regulatory Council，ITRC）为代表的绿色可持续修复框架。与只考虑修复工程时间和经济成本的传统理念不同，绿色可持续修复考虑全生命周期修复行为对环境、社会和经济的综合影响，强调在修复的各阶段多方面融入可持续理念，可有效防止过度修复和二次污染问题。

污染场地绿色可持续修复评估技术发展经历了三个阶段：① 2000 年初期的绿色可持续修复管理主要停留在理念研究时期，相关文献中出现相应的概念和案例研究；② 2005 年以后，绿色可持续修复进入修复技术评价时期，这一阶段的文献中主要采用生命周期评价（LCA）、费用效益分析（CBA）、环境足迹（Environmental Footprint，EF）等方法对修复技术进行绿色可持续评估和比选；③ 2010 年以后，各国全球服务标准（GSR）相关组织机构相继成立，GSR 逐渐形成较为全面系统的绿色可持续修复评价技术方法体系。

4.2.2　国内现状

随着我国产业结构调整的逐步深化，城市化进程进一步加快。特别是随着城市“退二进三”政策的实施，大量位于城区的工业企业面临“关、停、并、转”，其搬迁后的土地将被再次开发利用。根据国家相关要求，对其遗留的污染场地也将进行治理修复。2004 年，国家环境保护局发布了《关于切实做好企业搬迁过程中环境污染防治工作的通知》。2012 年 11 月 26 日，环境保护部、工业和信息化部等四部委联合发布了《关于保障工业企业场地再开发利用环境安全的通知》（环发〔2012〕140 号），对健全我国污染场地环境管理制度、加强污染场地环境监管提出了明确要求。

污染场地修复工程以消除或降低场地风险为目的，但由于场地修复工程实质上是一个有毒有害污染物的转化或介质转移过程，修复工程实施过程同样具有不容忽视的环境风险。我国土壤污染防治相关政策和法律对修复过程中的二次污染防治提出了明确要求。《土壤污染防治行动计划》第二十三条规定：“强化治理与修复工程监管，治理与修复工程原则上在原址进行，并采取必要措施防止污染土壤挖掘、堆存等造成二次污染。”《中华人民共和国土壤污染防治法》第三十八条规定：“实施风险管控、修复活动，不得对土壤和周边环境造成新的污染。”第四十条规定：“实施风险管控、修复活动中产生的废水、废气和固体废物，应当按照规定进行处理、处置，并达到相关环境保护标准。”目前，北京、重庆、江苏、上海、湖南等省市已开展了广泛的污染场地修复实践，在监理和现场检查过程中对修复工程二次污染防治也提出了要求，但在环境管理方面还存在很大的不足。

焦化污染地块大多生产历史较长，位于城市中心，污染严重且土地开发利用需求迫切，因此，近年来焦化污染地块是有机污染场地治理修复的重要类型之一。由于我国土壤修复尚处于初期快速发展阶段，修复工艺和修复过程管理尚不够精细化，易造成二次污染，施工单位也普遍更重视修复效果而忽视二次污染防治资金投入。焦化污染场地特征污染物如苯系物、多环芳烃、煤焦油等，大多为挥发、半挥发性有机污染物，修复过程中土壤扰动等容易造成空气二次污染，甚至产生异味，对周边居住区等环境敏感点产生影响，引发纠纷和公众投诉等，因此，做好二次污染防治极为重要。二次污染防治应该采取何种措施、具体如何落实，尚缺乏具体的可操作的技术规范，相关环境管理方面的技术规范也基本处于空白状态。因此，亟须调研国内外焦化污染地块治理修复过程中二次污染防治环境管理及存在的问题，明确修复技术中二次污染的主要来源及治理措施，从污染物、污染环节、防控标准、环境监测、防治措施等方面开展技术研究，提出适用于焦化污染地块治理修复二次污染防治并可推广的环境管理技术体系、监测体系和评价体系。

4.2.3 国内外二次污染防治的异同

国内外二次污染防治在方案编制及执行主体、主要内容、管理对象、监理部门、监管部门等方面基本相同，但在编制依据、编制方式、编制时机以及是否可持续改进等方面存在明显不同。由于国内污染场地修复工程中不进行环境影响评价，也不采用许可证方式进行管理，二次污染防治方案编制时，需要先识别环境问题并提出应对措施。在国外，如加拿大和澳大利亚的场地修复工程中，往往进行环境影响评价，或采用许可证方式进行管理。因此，在二次污染防治方案编制时，只需对环境影响评价和许可证相关文件中提出的二次污染防治措施进行总结。在方案编制方式上，国外环境管理计划（EMP）的执行与实施方案同步，国内二次污染防治与修复技术方案同步。此外，国外的 EMP 在修复工程实施过程中，定期或不定期进行总结，当施工条件、修复技术改变，二次污染防治措施或环境风险防范措施无法达到预期目标时，就需要修改和完善二次污染防治。

国内和国外二次污染防治的异同，见表 4-3。

表 4-3　国内外二次污染防治的异同

项目	国外	国内	异同
编制及执行主体	业主或业主委托的咨询 / 修复公司	业主或业主委托的咨询 / 修复公司	基本相同
编制依据	①国家和地方与污染场地相关的法律、法规、标准； ②场地环境影响评价相关文件； ③许可证相关文件	①与污染场地有关的国家和地方法律、法规、标准； ②修复工程资料； ③周边环境及敏感点信息	不相同
编制方式	通过综述环境影响评价或许可证文件，总结出主要环境问题及应对措施，重点在于二次污染防治的保障措施	根据修复工程资料及周边敏感点信息识别和判定主要环境风险，提出环境问题应对和保障措施	不相同
编制时机	与修复工程实施方案同步	与修复工程技术方案同步	不相同
主要内容	二次污染及人员健康识别、环境问题应对措施及保障措施	二次污染及人员健康识别、环境问题应对及保障措施	基本相同
管理对象	废水、废气、噪声和废渣，人员健康及应急	废水、废气、噪声和废渣，人员健康及应急	基本相同
监理部门	业主委托的监理公司	业主委托的监理公司	基本相同
监管部门	环境保护主管机构	环境保护主管机构	基本相同
持续性改进	有	无	不相同

4.3　主要研究内容

调研国内外焦化污染地块治理修复过程中二次污染防治环境管理及存在的问题，总结课题采用修复技术中二次污染的主要来源及治理措施，从污染物、污染环节、防控标准、环境监测、防治措施等方面开展技术研究，提出适用于焦化污染地块治理修复二次污染防治并可推广的环境管理技术体系、监测体系和评价体系。

4.4　总体要求

焦化污染地块治理修复过程中的二次污染防治措施应安全、科学、精准、有效；二次污染防治设施建设应符合相关规定并正常运行；产生的废水、废气、固体废物等二次污染物，应按有关规定进行处理处置，并达到国家或者地方标准要求，最大限度降低对周边环境的污染。

4.5 工作流程

工作流程如图 4-2 所示。

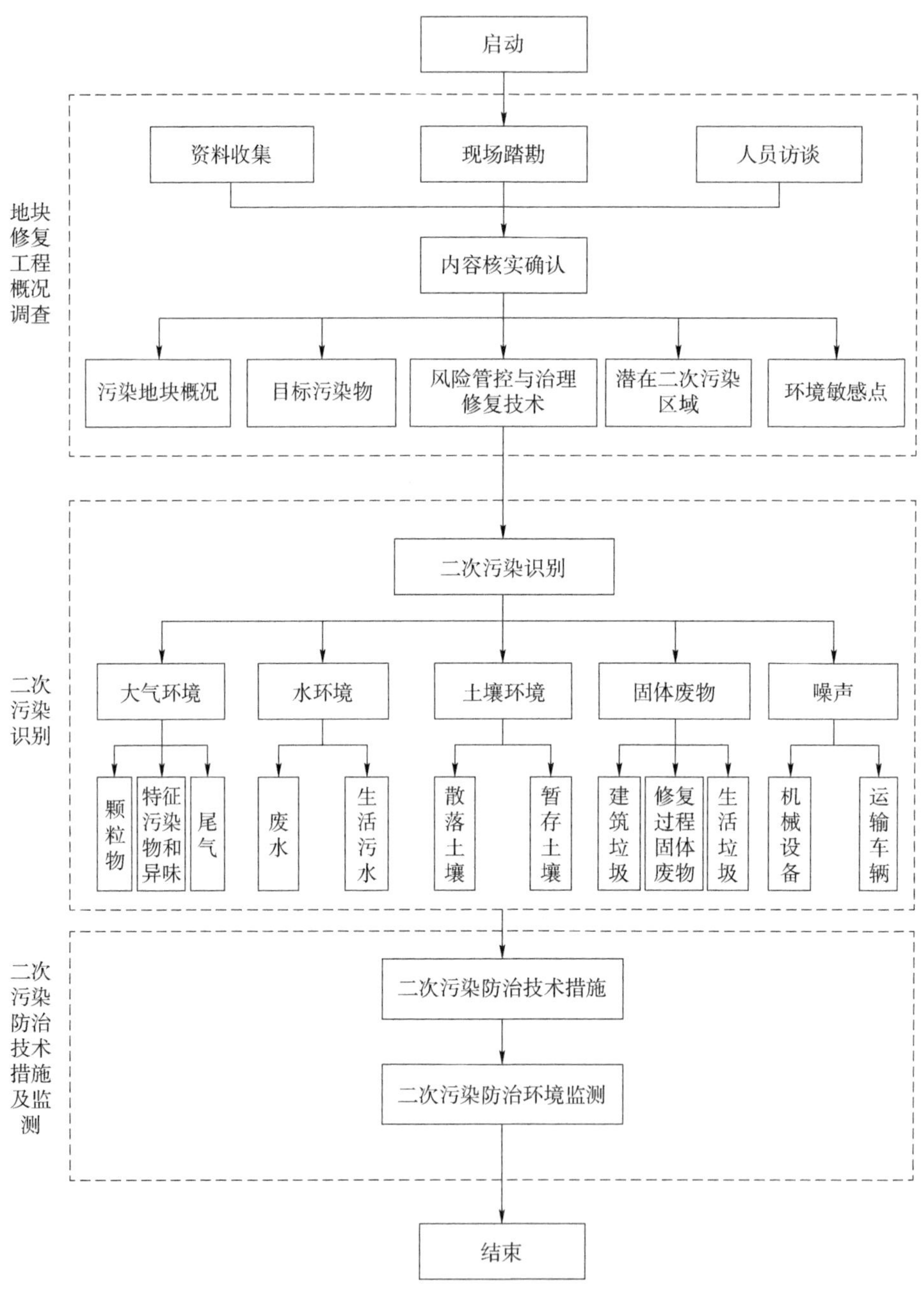

图 4-2　污染地块治理修复过程中二次污染防治工作程序

4.6　主要技术要求

4.6.1　地块修复工程概况调查

4.6.1.1　资料收集

收集焦化污染地块土壤污染状况调查报告、风险评估报告、风险管控与治理修复方案等相关材料。明确污染地块概况、目标污染物、风险管控与治理修复技术、潜在二次污染区域、周边环境敏感目标等。

4.6.1.2　现场踏勘

在资料收集的基础上，开展现场踏勘，考察地块现状情况，重点核实地块现状与污染状况调查、风险评估、风险管控与治理修复方案的变化情况。

踏勘地块周边可能受污染影响的居民区、学校、医院、饮用水水源保护区以及重要公共场所等环境敏感目标，详细核查其地理位置坐标、服务功能、四至范围、保护对象和保护要求等。

踏勘潜在二次污染区域现状，包括环境质量现状、污染现状及区域范围。潜在二次污染区域包括污染土壤暂存区、修复设施所在区、固体废物或危险废物堆存区、运输车辆临时道路、土壤或地下水待检区、废水暂存处理区、修复过程中污染物迁移涉及的区域、其他可能的二次污染区域。

4.6.1.3　人员访谈

开展人员访谈工作，访谈对象包括焦化污染地块使用权人、相关管理部门、地块调查和风险评估技术单位、风险管控与治理修复方案编制单位等的参与人员及周围居民。

4.6.1.4　地块修复工程概况调查

在资料收集、现场踏勘、人员访谈的基础上，确认污染地块概况、目标污染物、风险管控与治理修复技术、潜在二次污染区域、周边环境敏感目标等信息。

4.6.2　二次污染识别

根据选择试点场地不同修复技术的特点，整理分析土壤修复技术，相关产污点及可能产生二次污染的环节，结合场地特征，污染物的性质、特点，对项目场地土壤二次污染潜在风险进行识别。

4.6.2.1 大气环境二次污染识别

大气二次污染物，主要关注颗粒物、焦化行业特征污染物和异味、尾气等。

颗粒物主要来源于污染土壤清挖、运输、暂存、修复、回填等环节。

焦化行业特征污染物和异味主要来源于污染土壤清挖、运输、暂存、修复等环节，包括有组织和无组织排放。主要污染物为苯系物、多环芳烃、酚类物质、氨、硫化物等。

尾气主要来源于施工机械设备和运输车辆，主要污染物为 NO_x、CO、非甲烷总烃等。

4.6.2.2 水环境二次污染识别

水环境二次污染，主要关注治理修复过程中产生的废水和生活污水。

修复过程中产生的废水主要包括基坑积水、淋洗废水、地表径流废水、设备跑冒滴漏废水、洗车废水、地下水抽出处理工艺排水等，主要污染物为苯系物、多环芳烃、挥发酚、重金属、氰化物、硫化物等。

生活污水主要来源于施工和修复过程中人员产生的污水，主要污染物为 COD、BOD_5、氨氮等。

4.6.2.3 土壤环境二次污染识别

土壤环境二次污染，主要关注污染土壤散落、暂存等方面。

污染土壤散落主要来源于清挖、运输、转运等环节。

污染土壤处置前后暂存过程中，干湿沉降、降水淋溶和地表冲刷等造成周边土壤的二次污染。

4.6.2.4 固体废物二次污染识别

固体废物二次污染，主要关注治理修复过程中产生的固体废物、建筑垃圾及生活垃圾。

修复过程中产生的固体废物主要包括尾气处理产生的废活性炭、水处理产生的污泥、修复药剂废包装等。

建筑垃圾主要来源于地块平整与清挖过程，包括混凝土块、砖瓦碎块、沥青块等。

生活垃圾主要来源于施工和修复过程中人员产生的垃圾。

4.6.2.5 噪声二次污染识别

噪声二次污染，主要关注施工和修复过程中机械设备噪声以及运输车辆噪声。

4.6.3　二次污染防治技术措施

4.6.3.1　大气环境二次污染防治技术措施

（1）颗粒物

应采取有效措施，防治污染土壤清挖、运输、暂存、修复、回填等环节产生的颗粒物，颗粒物防治设备应符合相关要求并正常运转。

现场清挖应分区开展，控制施工作业面；清挖区域应设置围挡，并配备雾炮机或自动喷雾系统等降尘设备；清挖区域、土壤暂存区域、回填区域等，应采取苫盖措施；大风天气，严禁清挖施工。

场内运输原则上应利用原有道路；对不具备条件的区域，应新建硬化道路，保持路面清洁，及时洒水抑尘；对运输车辆限定速度，做好车体密闭。

破碎、筛分、搅拌等易产生颗粒物的修复环节，原则上应在密封大棚内进行，并设置颗粒物收集处理设施。

（2）特征污染物及异味

修复车间应密闭负压，并配套建设废气治理设施，对废气进行治理后达标排放。

对无组织排放的特征污染物和异味，宜选择一体化修复设备；分区开挖，减少土壤暴露面积；定期检查管道及阀门的密封性。

对于地下水，采用原位修复技术的，应做好井口阻隔措施；采用异位修复技术的，抽出、处理等环节应密闭，配套建设废气治理设施，处理后达标排放。

安装挥发性有机物在线报警监测系统，一旦发现超标，应立即停工整改。

（3）尾气

施工机械与运输车辆应使用符合国家标准的燃料，安装尾气净化处理设备。运输车辆应定期检测尾气排放情况，保证尾气达标排放。

4.6.3.2　水环境二次污染防治技术措施

地块内应建设废水收集和处理设施。修复过程中产生的废水和生活污水，分别收集后经处理设施处理，达标后，宜优先场内循环使用。排放的废水应满足受纳水域功能要求或纳管要求。

对采用地下水原位修复技术的焦化污染地块，应严格控制药剂用量，优选绿色环保修复药剂，避免造成二次污染。

对采用地下水异位修复技术的焦化污染地块，应保证抽出设施的密闭性，避免跑冒滴漏。

对采用地下水风险管控的焦化污染地块，应保证止水帷幕、水平阻隔等管控措施的正常运行，避免污染物迁移，造成二次污染。

4.6.3.3 土壤环境二次污染防治技术措施

运输车辆应密闭，禁止超载。现场应设置洗车台，对施工机械和运输车辆进行清洗，严禁带泥上路。

根据土壤污染类型、污染程度分区暂存，并做好防渗、防雨措施，设置明显告示牌，避免交叉污染。防渗措施主要包括地面硬化，铺设 HDPE 防渗膜、土工布等；防雨措施为土壤表面覆盖等。

4.6.3.4 固体废物二次污染防治技术措施

修复药剂的废弃包装物，由原厂家回收利用或妥善处置。

尾气处理产生的废活性炭、水处理产生的污泥等危险废物，委托有资质的机构进行安全处置。

建筑垃圾应进行冲洗，检测合格后优先资源化利用或回填。

生活垃圾定点存放，由环卫部门定期清理。

4.6.3.5 噪声二次污染防治技术措施

科学管理施工现场设备，尽量使用低噪声设备；对强噪声设备，采用隔音棚、隔音罩或隔音屏障封闭、遮挡，实现降噪。

科学布局强噪声设备，避免同一地点安排大量动力机械，远离声环境敏感点。

加强运输车辆管理，控制行驶速度，禁鸣喇叭。

合理安排施工时间，避免夜间施工扰民。

4.6.4 二次污染防治环境监测

4.6.4.1 大气环境监测

修复过程中，结合土壤修复进度开展颗粒物、特征污染物监测。

（1）颗粒物

监测位置：固定污染源、地块边界及环境敏感点。监测因子：固定污染源、地块边界监测因子为颗粒物；环境敏感点监测因子为总悬浮颗粒物（TSP）、粒径小于等于 10 μm 的颗粒物（PM_{10}）、粒径小于等于 2.5 μm 的颗粒物（$PM_{2.5}$）。监测频次：一般不低于 2 次 / 月，整个修复工期内不少于 3 次。执行标准：固定污染源、地块边界执行《大气污染物综合排放标准》（GB 16297），环境敏感点执行《环境空气质量标准》（GB 3095），有地方标准的依照地块所在行政区域的地方标准执行。

（2）特征污染物

监测位置：固定污染源、地块边界及环境敏感点。监测因子：包括但不限于苯系物、多环芳烃、酚类物质、氨、硫化物等。监测频次：不低于 2 次 / 月，整个修复工期内不少于 3 次，必要时可根据修复工程实际情况增加监测频次。执行标准：固定污染源、地块边界执行《大气污染物综合排放标准》（GB 16297），涉及恶臭气体排放执行《恶臭污染物排放标准》（GB 14554），环境敏感点执行《环境空气质量标准》（GB 3095），有地方标准的依照地块所在行政区域的地方标准执行。

4.6.4.2　水环境监测

监测位置：污水处理设施出口，涉及废水排入地表水体的，应在受纳水体上游及下游布点。监测因子：pH、COD、BOD_5、悬浮物、苯系物、多环芳烃、挥发酚、重金属、氰化物、硫化物等。监测频次：按照废水是否持续排放，分为按批次监测和连续性监测。按批次监测频次为 1 次 / 批，连续性监测频次为 1 次 / 周。执行标准：外排废水进入市政管网或污水处理厂，执行《污水排入城镇下水道水质标准》（GB/T 31962），地块所在污水处理厂进水标准严于 GB/T 31962 的，执行污水处理厂进水标准；外排废水进入地表水体，执行《污水综合排放标准》（GB 8978），受纳水体执行《地表水环境质量标准》（GB 3838）；有地方标准的依照地块所在行政区域的地方标准执行。

4.6.4.3　土壤环境监测

监测位置：潜在二次污染区、异地治理修复区。监测因子：目标污染物。监测频次：治理修复工程完成后、效果评估前监测 1 次。执行标准：执行本地块土壤修复目标值。

4.6.4.4　噪声监测

监测位置：地块边界及周边 200 m 范围内的声环境敏感目标。监测因子：等效连续 A 声级。监测频次：不低于 2 次 / 月，整个修复工期内不少于 3 次。执行标准：地块边界执行《建筑施工场界环境噪声排放标准》（GB 12523）、《工业企业厂界环境噪声排放标准》（GB 12348），声环境敏感目标执行《声环境质量标准》（GB 3096）。

参考文献

[1] 孟祥帅，庞然，吴萌萌 . 某废弃焦化场地原位燃气热脱附污染排放及控制 [J]. 环境工程，2019，37(11)：177-183.

[2] 丁亮，王水，曲常胜，等 . 污染场地修复工程二次污染防治研究 [J]. 生态经济，2016，32(10)：189-192.

[3] 刘娟丽 . 污染场地修复中二次污染防治措施探讨 [J]. 环境与发展，2020，32(1)：41-42，44.

[4] 马文峰 . 污染场地修复中二次污染防治措施 [J]. 化工管理，2020(33)：34-35.

[5] 叶晟，赵静 . 污染场地修复的二次污染防治现状及对策 [J]. 中国资源综合利用，2020，38(12)：119-121.

[6] 谷庆宝，侯德义，伍斌，等 . 污染场地绿色可持续修复理念、工程实践及对我国的启示 [J]. 环境工程学报，2015，9(8)：4061-4068.

[7] 侯德义，李广贺 . 污染土壤绿色可持续修复的内涵与发展方向分析 [J]. 环境保护，2016，44(20)：16-19.

[8] 胡清，王宏，童立志 . 绿色可持续场地修复 [M]. 北京：中国建筑工业出版社，2018.

[9] 顾高铨，万小铭，曾伟斌，等 . 焦化场地内外土壤重金属空间分布及驱动因子差异分析 [J]. 环境科学，2021，42(3)：1081-1092.

[10] 孟祥帅，陈鸿汉，郑从奇，等 . 焦化厂不同污染源作用下土壤 PAHs 污染特征 [J]. 中国环境科学，2020，40(11)：4857-4864.

[11] 王耀锋，何连生，姜登岭，等 . 我国焦化场地多环芳烃和重金属分布情况及生态风险评价 [J]. 环境科学，2021，42(12)：5938-5948.

[12] Dehate R B. Evaluation of the Public Health Risks Associated with Former Manufactured Gas Plants.[D]. Florida: University of South Florida. 2008.

[13] Hate R D, Skelly B, Bourgeois M, et al. Managing Public Health Risks Using Air Monitoring at a Former Manufactured Gas Plant Site[J]. Journal of Environmental Protection, 2014, 5(14):1400-1405.

[14] The Interstate Technology and Regulatory Council. Use of Risk Assessment in Management of Contaminated Sites[R]. Washington DC, USA: The Interstate Technology and Regulatory Council Risk Assessment Resources Team, 2008.

[15] The European Commission. Under the Environment and Climate Program. Risk Assessment for Contaminated Sites in Europe[R]. Nottingham, UK: Land Quality

Management Limited Company, 1998.

[16] Department of Environment. Transport and the Regions. Contaminated Land: Implementation of Part Ⅱ : A of the Environmental Protection Act 1990[M]. London, UK: The Stationery Office, 2000.

[17] Mastral A M, Callen M S. A Review on Polycyclic Aromatic Hydrocarbon (PAH) Emissions from Energy Generation[J]. Environmental Science & Technology, 2000, 34(15): 3051-3057.

[18] Mu L, Peng L, Cao J, et al. Emissions of Polycyclic Aromatic Hydrocarbons from Coking Industries in China[J]. Particuology, 2013, 11(1): 86-93.

第 5 章　焦化污染地块风险管控与修复效果评价方法研究

5.1　研究背景与意义

焦化污染地块是我国典型的污染地块类型，其特点是占地面积大、污染物较典型、污染程度较重，一般呈现 PAHs、挥发性有机物（VOCs）、半挥发性有机物（SVOC）、总石油烃（TPHs）、重金属等多组分复合污染。但焦化污染地块往往是城市土地再开发利用的重点，先后出现了北京焦化厂地块、重庆钢铁集团地块、武汉东钢遗留地块、广东白鹤洞钢铁遗留地块、山西煤气化厂遗留地块、杭州钢铁厂遗留地块等一批典型的焦化生产遗留地块，引起行业和社会的高度关注。根据全国重点行业企业用地调查的初步成果，纳入调查的钢铁与焦化类型的地块在七种主要类型地块中排名第三，地块数量（含在产和遗留在内）初步估计有近千块，是我国污染地块环境管理和实现安全利用目标的重点和难点。针对不同污染类型、不同污染程度的土壤，治理修复所选择的技术也有所不同，例如，选择热脱附技术处理 PAHs、苯并 [*a*] 芘、TPHs 污染土壤；采用异位常温解析技术修复易挥发的苯和萘的污染土壤；采用化学氧化技术修复石油烃污染土壤等。

国家和地方层面发布的技术导则已经为焦化污染地块风险管控与修复效果评估工作奠定了基础，但是国家导则针对的是所有污染类型的地块，在特定行业、特定污染物方面的针对性略显不足。开展焦化污染地块风险管控与修复效果评估技术规范的研究和编制，具有重要的现实意义。首先，分行业、分技术制定土壤和地下水环境管理技术规范是当前和未来技术规范发展的重要趋势，是我国不断健全土壤和地下水环境管理体系的重要实践；其次，国家层面的效果评估技术导则规定了总体的原则、方法、程序、判断标准等，但由于我国地块类型多、技术类型多、污染类型多、二次污染问题多（“四多问题”），《污染地块风险管控与土壤修复效果评估技术导则（试行）》《污染地块地下水修复和风险管控技术导则》等技术导则在运用过程中缺少针对性和可操作性。根据焦化污染地块风险管控和修复发展需要，急需结合污染类型特征和修复技术特点，在国家现行导则的基础上进行针对性的细化，提高操作性和适宜性。该项工作是不断完善我国污染地块环境管理技术体系的重要表现，是加快焦化污染地块安全开发利用的必然要求，是推动焦化污染地块风险管控和修复技术向着绿色可持续方向不断进步的重要抓手，同时为其他类型污染地块制定效果评估技术规范进行先行先试和经验探索。

5.2　国内外效果评估方法研究进展

2019 年起实施的《中华人民共和国土壤污染防治法》提出建立“污染地块风险管控与修复名录”制度，要求名录内的污染地块，只有达到风险管控或修复目标要求且可以安全利用的，才能从名录中退出，进而才能进入后续的地块开发利用中。在 2016 年《土壤污染防治行动计划》发布之后，土壤污染治理修复领域迅速发展，更加凸显出行业发展的不规范，其中也包括污染地块风险管控与修复效果评估工作。建设用地土壤风险管控与修复效果评估已经成为非常重要的管理性和技术性的工作。我国的污染地块治理修复工作起步较晚，相关工作一直缺乏针对性和指导性，梳理国内外污染地块风险管控与修复效果评估研究进展，有利于我们更加规范、更加精细地开展效果评估工作。

5.2.1　国外效果评估方法研究进展

国内污染地块风险管控与修复效果评估相关研究起步较晚，但土壤环境修复产业发展迅速。通过梳理美国、加拿大、英国、澳大利亚、新西兰等发达国家的效果评估技术规范，可以为我国效果评估的开展提供借鉴。

（1）美国《场地清理达标评估方法——土壤、固废、地下水》

美国国家环境保护局于 1989 年发布了《场地清理达标评估方法卷 1：土壤和固废》，于 1992 年发布了《场地清理达标评估方法卷 2：地下水》，于 1992 年发布了《场地清理达标评估方法卷 3：基于对照场地的土壤和固废》，提出只有有充分的数据证明污染物残余浓度低于适当的修复目标值或限值，方可认为场地清理干净，且统计方法对于做出推断是重要的。美国固体废物和应急响应办公室于 2011 年发布了《超级基金场地关闭程序》，主要描述了超级基金清单场地关闭时需要考虑的关键原则和目标，总结了超级基金场地关闭的关键节点。

1）修复设施完成（remedial action completion）：指的是场地某个单元的修复设施完成，对于源清理，要求达到修复目标；对于工程控制和地下水修复，要求修复设施达到可操作性与功能性，对设施是否正常运行的观察期一般小于一年。

2）建设工程完成（construction completion）：指的是整个场地范围的建设工程完成。

3）场地完成（site completion）：场地修复已经达到修复目标，对人体和环境不产生风险。

4）场地删除和局部删除（site deletion and partial deletion）。

超级基金场地一般首先进行场地修复调查，以获得污染程度、修复标准、可能的修复技术筛选和修复费用预算等数据，再编制可行性研究报告；其次，进行修复工程的设计实施与运行维护；当修复场地达到修复标准后，一般还需进行 5 年的跟踪监测，确定稳定达标时，可将其从超级基金（NPL）中删除。在整个修复期间，可将场地已稳定达标的部分区域或污染物提前从 NPL 中删除。

除此之外，美国的安大略省、怀俄明州、新罕布什尔州、密歇根州等州都对场地验收制定了相关指南。美国安大略省 1996 年《安大略污染地点使用的抽样和分析方法指南》将效果评估分为修复阶段的确认验收和修复后的审计抽样。前者是与预期的修复目标进行比对，而后者没有通用的程序。美国怀俄明州 2000 年《土壤取样确认指南》的特点是按照场地面积确定数据分析方法。对于面积小于等于 10 000 平方英尺（约合 930 m^2）的区域，采用逐个对比的方法。若有检测值超过修复目标值，则认为场地未达到修复标准，需要进一步修复和验收；对于面积大于 10 000 平方英尺的区域，则采用统计分析方法，用整体均值的 95% 置信上限与修复目标比较，分析整个场地的修复效果，并提出在整体达标的情况下，允许一个或多个采样点的检测数据超过修复目标值。新罕布什尔州 2004 年《污染场地关闭：业主指南》确定的场地关闭目标：污染源必须被清除；地下水中污染物水平低于 AGQS（联邦和国家饮用水标准），土壤直接接触风险被消除；影响区内的污染物含量必须低于标准值。美国密歇根州自然资源部 2006 年根据《地下水和土壤修复关闭验收指南》对地下水修复验收，认为修复井中的地下水样品连续 6 个月达标，并且所有监测井连续两个季度达标，修复系统可关闭；修复关闭后，需要根据场地水文地质情况，评估潜在毛细带污染、吸附解吸等可能造成的季节变化。因此，修复井与监测井均需要开展季度采样，采样周期至少一年，所有监测井的数据必须低于目标值，才能证明场地修复达标。

（2）加拿大《联邦污染场地关闭指南》

加拿大于 2012 年发布的《联邦污染场地关闭指南》指出，以下情况场地可以关闭：通过评估确认场地不需要开展进一步修复工作、修复目标已经达到、长期监测标准已经达到，并规定了异位修复、原地异位修复、原位修复、风险管控等不同修复模式场地是否可关闭的要求。

（3）英国《污染地块修复验证》

英国于 2004 年发布的《污染场地管理程序》将验收定义为：基于定量分析证明风险已经降低到修复标准和目标的过程。2010 年发布的《污染地块修复验证》将验收过程分为四个阶段：制定修复策略、制订验收计划、实施验收计划、必要时开展长期监测和维护。同时，该标准明确修复验收对象包括土壤、地下水、土壤气。

（4）澳大利亚《污染场地咨询报告指南》

澳大利亚在 2011 年发布的《污染场地咨询报告指南》明确，在验收阶段需要的文件包括两种：验收和必要时的监测报告。修复验收需要基于原有污染程度、修复类型、场地用途。验收必须在统计意义上确认修复场地达到清理标准。另外，《地下石油储罐技术注意事项：场地验收报告》对地下石油储罐（UPSS）退役、限制或清理之后、修复措施实施之后，是否符合开发要求、是否符合验收技术要求等做出了规定，对验收报告编制要求、验收注意事项、数据质量目标、场地快速筛查等内容做了基本规定。

（5）新西兰《污染场地管理指南》

新西兰政府于 2011 年发布的《污染场地管理指南卷 1：场地报告》对污染场地管理涉及各阶段的报告编制做了统一要求，主要包括初步调查报告（PSI）、详细调查报告（SIR）、修复方案编制（RAP）、修复验收报告（SVR）、长期监测和管理计划（MMP）五个方面。该指南提高了长期监测和管理计划的地位，将其作为一个单独的环节来考虑。而在我国，将这部分内容纳入修复效果评估报告中。2011 年《污染场地管理指南卷 5：场地土壤调查和分析》中提到，修复验收过程一般不使用判断布点方法，可采用系统布点方法。

5.2.2　国内效果评估工作开展状况

污染地块风险管控及修复效果评估是指，通过资料回顾与现场踏勘、现场采样和实验室检测，综合评估地块风险管控和修复是否达到预期效果，或修复后地块风险是否达到可接受水平。2019 年 1 月 1 日正式实施的《中华人民共和国土壤污染防治法》第六十五条规定：“风险管控、修复活动完成后，土壤污染责任人应当另行委托有关单位对风险管控效果、修复效果进行评估，并将效果评估报告报地方人民政府生态环境主管部门备案。”

在国家层面，已经初步构建了污染地块土壤和地下水风险管控和修复的效果评估体系。2014 年，环境保护部颁布实施的《工业企业场地环境调查评估与修复工作指南（试行）》，以及后来的《建设用地土壤污染状况调查技术导则》（HJ 25.1—2019）、《建设用地土壤污染风险管控和修复监测技术导则》（HJ 25.2—2019），都提出了关于污染地块风险管控与修复效果评估的部分要求。2018 年 12 月 29 日发布实施的《污染地块风险管控与修复效果评估技术导则》（HJ 25.5—2018）系统规定了污染地块风险管控与土壤修复效果评估的内容、程序、方法和技术要求。导则的出台加强了环境保护监督管理，防控了污染地块环境风险，为开展污染地块风险管控与修复效果评估工作提供了科学指引。2019 年 6 月 18 日发布实施的《污染地块地下水修复和风险管控技术导则》（HJ 25.6—2019）规定了污染地块地下水修复或风险管控效果评估工作的基本原则、工作程序和技术要求等。这些制度文件的发布和实施从国家顶层设计层面初步构建了污染地块土壤和地下水风险管控和修复的效果评估体系，但由于我国地域辽阔、地块类型多、风险管控和修复技术类型多、污染物类型多、二次污染问题多，国家技术导则在运用过程中针对性和可操作性有所不足。

由于实际工作需要，北京、上海、重庆、浙江、广东等地结合本地实际情况，先行制定出台了省级层面的效果评估技术规范。2011 年，北京市发布了《污染场地修复验收技术规范》（DB11/T 783—2011）；2014 年，上海市发布了《上海市污染场地修复工程验收技术规范（试行）》；2016 年，重庆市发布了《污染场地治理修复验收评估技术导则》（DB50/T 724—2016）；2018 年，浙江省发布了《污染地块治理修复工程效果评估技术规范》（DB33/T 2128—2018）。这些省级技术导则都在一定程度上支撑了各地土壤和地下水治理修复，且近期都在根据国家技术导则的要求进行修订和细化，以提高可操作性和适宜性。

国内已发布的相关导则或规范的对比情况见表 5-1。

表 5-1　国内污染地块验收相关规范比较

序号	内容	《污染地块风险管控与修复效果评估技术导则》（HJ 25.5）	《污染地块地下水修复和风险管控技术导则》（HJ 25.6）	《建设用地土壤污染风险管控和修复监测技术导则》（HJ 25.2）	《工业企业场地环境调查评估与修复工作指南（试行）》	《北京市污染场地修复验收技术规范》（DB11/T 783—2011）	《上海市污染场地修复工程验收技术规范（试行）》	《重庆市污染场地治理修复验收技术导则》（DB50/T 724—2016）	《污染地块治理修复工程效果评估技术规范》（DB33/T 2128—2018）	《广东省修复效果评估技术指南》
1	定位	通过资料回顾与现场踏勘、现场采样和实验室检测，综合评估地块修复是否达到预期效果，或修复后场地风险是否达到可接受水平	地下水修复和风险管控后，评估修复是否达到修复目标，评估风险管控是否达到工程性能指标和污染物指标要求	对污染场地治理修复工程完成后的环境监测，主要工作是考核和评价治理修复后的场地是否达到已确定的修复目标及工程设计所提出的相关要求	在污染场地修复完成后，对场地内土壤和地下水，以及修复后的土壤和地下水进行调查和评估的过程	污染场地修复完成后，依据修复目标值对场地内土壤和地下水进行的调查和评价过程	在污染场地治理修复工程完成后，考核和评价场地是否达到风险评估所确定的修复目标及工程设计所提出的相关要求	在污染场地修复工程完成后，对场地土壤和地下水进行监测，以确定场地修复是否达标并总体评估修复效果的过程	根据治理修复工程实施后的情况，评估污染地块的现状和污染物削减、去除或风险管控的成效	根据治理修复工程实施后的情况，评估污染地块的现状和污染物削减、去除或风险管控的成效
2	工作程序	将土壤与地下水修复评估工作程序分别列出并细化，风险管控效果评估以文字形式进行叙述	参照 HJ 25.5	无工作程序	沿用《北京导则工作程序》框图	主要适用于土壤修复验收	沿用《北京导则工作程序》框图并进行细化	沿用《北京导则工作程序》框图	沿用《北京导则工作程序》框图	沿用《北京导则工作程序》框图，并增加风险管控效果评估工作程序

续表

序号	内容	《污染地块风险管控与修复效果评估技术导则》（HJ 25.5）	《污染地块地下水修复和风险管控技术导则》（HJ 25.6）	《建设用地土壤污染风险管控和修复监测技术导则》（HJ 25.2）	《工业企业场地环境调查评估与修复工作指南（试行）》	《北京市污染场地修复验收技术规范》（DB11/T 783—2011）	《上海市污染场地修复工程验收技术规范（试行）》	《重庆市污染场地治理修复验收技术导则》（DB50/T 724—2016）	《污染地块治理修复工程效果评估技术规范》（DB33/T 2128—2018）	《广东省修复效果评估技术指南》
3	修复概念模型	在文件审核与现场踏勘的基础上，提炼出修复概念模型的相关要求	参照 HJ 25.5	无此内容	文件审核与现场勘察	文件审核与现场勘察	资料收集分析与现场踏勘	资料审核与现场核查	资料整理与现场踏勘	资料整理与现场踏勘
4	验收对象	土壤异位修复和原位修复效果、地下水抽出处理和原位修复效果，以及风险管控的效果评估	地下水修复或风险管控效果	土壤和地下水修复效果	土壤和地下水修复效果、工程控制措施	土壤和地下水修复效果	土壤和地下水修复效果	土壤和地下水修复效果	土壤和地下水修复效果、风险管控效果	土壤和地下水修复效果、风险管控效果、绿色可持续修复效果
5	检测指标	目标污染物、二次污染物、常规指标、修复设施运行参数	目标污染物、二次污染物、常规指标、修复设施运行参数	目标污染物	目标污染物	目标污染物	目标污染物	目标污染物、二次污染物	目标污染物、二次污染物、修复设施工程指标	目标污染物、二次污染物、修复设施工程指标

续表

序号	内容	《污染地块风险管控与修复效果评估技术导则》（HJ 25.5）	《污染地块地下水修复和风险管控技术导则》（HJ 25.6）	《建设用地土壤污染风险管控和修复监测技术导则》（HJ 25.2）	《工业企业场地环境调查评估与修复工作指南（试行）》	《北京市污染场地修复验收技术规范》（DB11/T 783—2011）	《上海市污染场地修复工程验收技术规范（试行）》	《重庆市污染场地治理修复验收技术导则》（DB50/T 724—2016）	《污染地块治理修复工程效果评估技术规范》（DB33/T 2128—2018）	《广东省修复效果评估技术指南》
6	土壤修复效果评估布点数量	基坑根据网格大小设置，不超过 1 600 m^2；修复后土壤原则上不超过 500 m^3，对于均匀的可不超过 1 000 m^3；也可根据浓度分布计算采样数量		基坑不超过 1 600 m^2，也可参照详细调查的密度；异位修复每个样品代表的土壤体积不超过 500 m^3；原位修复根据工程设计进行布设	沿用《污染场地修复验收技术规范》要求，异位修复后不超过 500 m^3	基坑根据网格大小设置；异位修复未做规定；原位修复根据网格大小，结合污染深度分层设置	基坑沿用《污染场地修复验收技术规范》要求，异位和原位修复沿用 HJ 25.2—2014 要求	基坑沿用《污染场地修复验收技术规范》要求，异位和原位修复沿用 HJ 25.2—2014 要求	基坑沿用《污染场地修复验收技术规范》要求，原位修复沿用 HJ 25.2—2014 要求，异位一般要求 500 m^3，对于效果不均匀的要求每个样品代表土方不超过 200 m^3	基坑沿用《污染场地修复验收技术规范》要求，异位和原位修复沿用 HJ 25.2—2014 要求
7	土壤修复效果评估方法	逐个对比、统计方法		未提及	逐个对比、统计方法	逐个对比、统计方法	逐个对比、统计方法	逐个对比、统计方法	逐个对比	逐个对比、统计方法

续表

序号	内容	《污染地块风险管控与修复效果评估技术导则》（HJ 25.5）	《污染地块地下水修复和风险管控技术导则》（HJ 25.6）	《建设用地土壤污染风险管控和修复监测技术导则》（HJ 25.2）	《工业企业场地环境调查评估与修复工作指南（试行）》	《北京市污染场地修复验收技术规范》（DB11/T 783—2011）	《上海市污染场地修复工程验收技术规范（试行）》	《重庆市污染场地治理修复验收技术导则》（DB50/T 724—2016）	《污染地块治理修复工程效果评估技术规范》（DB33/T 2128—2018）	《广东省修复效果评估技术指南》
8	地下水修复效果布点	数量根据实际情况而定，不做具体要求，并且可利用符合条件的监测井	上游应至少设置1个监测点位，内部应至少设置3个监测点位，下游应至少设置2个监测点位。内部采样网格不宜大于80 m×80 m。存在非水溶性有机物或污染物浓度高的区域，采样网格不宜大于40 m×40 m。优先设置在修复设施运行薄弱区、地质与水文地质条件不利区域等	可利用原有监测井，但数量不应超过验收时监测井总数的60%，新增监测井位置布设在地下水污染最严重区域。主要沿用《北京市导则》要求	沿用《污染场地修复验收技术规范》要求	上游1个、内部3个、下游2个，原有井比例不超过井总数的60%	上游1个、内部3个、下游1个，原有井比例不超过井总数的60%	沿用《污染场地修复验收技术规范》要求	沿用《污染场地修复验收技术规范》要求	沿用《污染场地修复验收技术规范》要求

续表

序号	内容	《污染地块风险管控与修复效果评估技术导则》（HJ 25.5）	《污染地块地下水修复和风险管控技术导则》（HJ 25.6）	《建设用地土壤污染风险管控和修复监测技术导则》（HJ 25.2）	《工业企业场地环境调查评估与修复工作指南（试行）》	《北京市污染场地修复验收技术规范》（DB11/T 783—2011）	《上海市污染场地修复工程验收技术规范（试行）》	《重庆市污染场地治理修复验收技术导则》（DB50/T 724—2016）	《污染地块治理修复工程效果评估技术规范》（DB33/T 2128—2018）	《广东省修复效果评估技术指南》
9	地下水修复效果评估方法	稳定达标、修复极限与残留污染物风险评估	逐个对比、统计方法	未提及	未考虑稳定达标问题	未考虑稳定达标问题	未考虑稳定达标问题	未考虑稳定达标问题	未考虑稳定达标问题	未考虑稳定达标问题
10	风险管控效果评估方法	对风险管控的短期效果评估和长期环境监测做出技术要求		未涉及	简单提及	未涉及	未涉及	未涉及	根据风险管控技术方案确定的技术路线、参数和工程要求，对工程实施情况的符合性进行验证	根据风险管控技术方案确定的技术路线、参数和工程要求，对工程实施情况的符合性进行验证
11	后期环境管理与监测要求	按照 42 号令要求，细化了长期环境监测与制度控制内容	后期环境监管方式应包括长期环境监测与制度控制	对回顾性评估提出原则要求	对后期管理提出要求	未涉及	未涉及	未涉及	未涉及	未涉及

5.3 研究原则、思路与内容

5.3.1 基本原则

焦化污染地块风险管控与修复效果评估应对污染土壤和地下水是否达到修复目标、风险管控是否达到设计要求、地块风险是否达到可接受水平等情况进行科学、系统、规范的评估，提出后期环境监管建议，为焦化污染地块土壤和地下水环境管理提供科学依据。主要遵从以下原则：

1）针对性原则：针对焦化污染地块风险管控与修复效果评估，提出系统的工作程序和技术要求。

2）规范性原则：规范焦化污染地块风险管控与修复效果评估工作程序和各项技术要求，增强具体工作过程的规范性和科学性。

3）可操作性原则：充分考虑国内焦化污染地块管理政策，结合污染地块修复技术与修复实施现状，借鉴国外先进经验，细化各项技术方法，确保评估方法具有可操作性，便于实施与推广。

5.3.2 总体思路

焦化污染地块风险管控与修复效果评估方法研究以确保实现焦化污染土壤安全利用为根本目标，从不同类型的风险管控技术和修复技术类型和特点出发，在充分分析技术特点和适用性、优缺点的基础上，重点细化采样方法、布点密度、评估方法、评估范围等，实现修复技术与效果评估方法的联动，为《污染地块风险管控与土壤修复效果评估技术导则（试行）》《污染地块地下水修复和风险管控技术导则》提供补充。拟采用的总体路线如下：

1）调研国外污染地块管理相关政策、修复效果评估的工作流程和主要内容，收集国内现有的相关技术规范及修复工程效果评估案例，结合我国污染地块管理要求和修复工程特点，明确研究定位。

2）分析美国、欧盟等发达国家和地区污染地块土壤原位修复相关资料，研究其统计布点的计算方法与推荐数量，结合国内现有相关技术规范及污染地块风险管控与修复效果评估经验和存在的问题，研究不同布点方法之间的差异及适用条件，分析原位修复布点方法，总结各种布点方法的适用性，并进行布点优化方法研究。

3）针对土壤采样点位针对性、采样布点密度合理性、二次污染防治、异味污染控制等问题开展具体研究。具体包括：

a. 研究将结合地块污染特征、地块土层分布、污染物迁移特征、不同修复技术的潜在薄弱点等因素，提出典型技术下的以提高土壤样品代表性为目的的土壤采样要求。

b. 开展二次污染防治区域的进一步划定，明确分析检测指标的要求。结合焦化污染地块污染物易挥发的特点，以及风险管控与修复的主要技术和施工平面布置方法，更加细化和明确二次污染区域范围的界定，细化对这些区域采样布点的要求，加强修复设施周边区域的治理修复效果评估。

c. 开展修复过程中异味污染控制效果的评估，进一步强化对污染发生反应后的二次（间接）污染物类型的检测要求和除目标污染物以外的其他相关指标的分析检测要求。

d. 加强热脱附、常温热解析等热处理技术和气相抽提技术下，尾气排放中特征污染物（如二噁英、氯化氢等指标）的研究和分析检测指标的针对性设计。

e. 在标准制定过程中，积极开展专家论证和咨询会，征求管理部门、相关单位、行业专家的意见，对规范进行逐步修改和完善；严格遵守国家生态环境标准制修订工作管理办法，配备专业队伍，保障优质高效地完成标准制定全过程各项工作。

5.3.3　研究内容

研究内容包括：

1）深入调查分析焦化污染地块风险管控和修复效果评估方法的问题与不足。计划对国内已经完成效果评估的焦化污染地块和类似污染地块的效果评估具体操作方法进行调研，组织召开效果评估优化完善方面的座谈会，多方面听取相关意见和建议。在此基础上，进一步掌握问题、趋势和需求。

2）加强土壤采样点位针对性和采样布点密度合理性研究。目前的《污染地块风险管控与土壤修复效果评估技术导则（试行）》（HJ 25.5—2018）的布点密度和数量要求具有普适性。本研究将结合地块污染特征、地块土层分布、污染物迁移特征、不同修复技术的潜在薄弱点等因素，提出典型技术下的以提高土壤样品代表性为目的的土壤采样要求，同时细化目前国家导则提出的 500 m^3 一个采样点位的具体操作方法（例如，是实方还是虚方，是否考虑增容等现实问题）。结合地块大小、风险管控目标、监测频次等因素，细化评估单位的划分方法和点位布设密度。

3）加强原地原位修复策略下效果评估方法体系的研究。目前国家和各省（区、市）技术导则中对原地异位方法下的效果评估方法涉及较多，但对于目前实际工作中应用较多的原地原位修复方法的效果评估方法涉及较少。为此，在研究计划过程中，应加强原地原位修复策略下的效果评估采样方法、布点密度和判定标准等内容的研究，细化规定。

4）加强二次污染防治效果评估方法的研究。主要包括：①开展二次污染防治区域的进一步划定，明确分析检测指标的要求；②开展修复过程中异味污染控制效果的评估。《污染地块风险管控与土壤修复效果评估技术导则（试行）》提出的潜在二次污染区域包括污染土壤暂存区、修复设施所在区、固体废物或危险废物堆存区、运输车辆临时道路、土壤或地下水待检区、废水暂存处理区、修复过程中污染物迁移涉及的区域、其他可能的二次污染区域。本研究将结合焦化污染地块污染物易挥发的特点，以及风险管控与修复的主要技术和平面布置方法，更加细化和明确二次污染区域范围的界定，细化对这些区域采样布点的要求，加强修复设施周边区域的治理修复效果评估。同时，在该类型区域范围内的土壤分析检测指标方面，进一步强化对污染发生反应后的二次污染物类型的检测要求和除目标污染物以外的其他相关指标的分析检测要求。

5）加强尾气污染物处理后分析检测指标的研究。重点是对热处理技术和气相抽提技术下，尾气排放中特征污染物（如二噁英、氯化氢等指标）的研究和分析检测指标的针对性设计。

6）开展规范及编制说明的编制、咨询和修改。按照合理的框架结构开展技术规范和编制说明的编制工作。完成初稿后，召开多方咨询会议，按照主管部门要求开展意见征求工作并修改完善，直至完成报批。

5.4 效果评估技术要点分析

5.4.1 污染土壤原位修复效果评估技术要点

（1）评估范围

焦化污染地块中经原位修复的土壤，其效果评估范围为修复方案确定的污染范围，评估对象为原位修复后的土壤以及修复可能涉及的二次污染区域。

（2）评估指标和标准值

对于在修复方案中已经确定的目标污染物，其效果评估标准值为修复方案中确定的修复目标值。

污染土壤原位修复效果评估宜考虑可能造成的二次污染；化学氧化 / 还原修复、微生物修复的潜在二次污染物的评估标准值可参照《土壤环境质量　建设用地土壤污染风险管控标准（试行）》（GB 36600）中一类用地筛选值执行，或根据暴露情景进行风险评估，确定其评估标准值。修复土壤中的污染物的环境风险应达到可接受水平。

（3）采样时间和频次

原位修复的土壤，应在修复完成后进行采样。

原位修复的土壤可按照修复进度、修复设施布置、重点区域分布情况分区域采样。

土壤修复后应考虑可能出现的拖尾、反弹或可逆现象，确定土壤中污染物浓度统计特征处于稳定状态后，方可进入效果评估阶段。

焦化污染地块热脱附修复后的土壤，可采用热取冷采的方式，在土壤样品降至常温后再进行检测。

（4）布点方法和数量

原位修复土壤效果评估时，建立三维网格进行均匀布点。水平方向上采用系统布点法，网格大小不宜超过 20 m × 20 m，垂直方向上采样点位之间距离不宜大于 1 m。

采样深度不应小于调查评估确定的污染深度以及修复可能造成污染物迁移的深度。

应结合焦化污染地块的污染特征、地层分布、污染物迁移特征、不同修复技术的潜在薄弱点增加采样点位，效果评估工作参考信息见表 5-2。

表 5-2　效果评估工作参考信息

序号	技术名称	在效果评估工作中需要考虑的问题
1	热脱附技术	焦化污染地块热脱附修复时，较少关注重金属去除效果；若修复不达标，再次采用原位热脱附修复难度较大，成本高；热脱附技术较难去除一些高沸点有机物；热脱附时加热温度不够或保温时间不足，易导致修复不达标；土壤异质性大，加热升温不均匀，可能导致加热薄弱区，污染物脱附受到影响；加热区的边界、底部、加热中心冷点等地方热损大，影响脱附效果；脱附出来的有机蒸气需要靠抽提系统去除，远离抽提井的区域污染物去除受到影响；脱附出的土壤气体容易向上迁移到地面，冷凝后聚集在地表，污染土壤；对于黏土中的污染物或存在非水相流体（NAPL）的高浓度污染土壤和地下水，单一原位热脱附技术处理达标困难；系统运行过程中可能产生大量的污染冷凝水，需要处理；不同加热升温阶段抽提出的废气量和组成变化大，尾气处理有超标排放风险；清挖过程易导致苯系物等 VOCs 挥发扩散

续表

序号	技术名称	在效果评估工作中需要考虑的问题
2	化学氧化技术	一般氧化剂对焦化污染地块中 PAHs 的氧化能力普遍较低，难以修复达标；修复药剂与污染土壤接触的均匀性较难保证；现有注入技术装备的修复深度有限，注入泵压力有限，单孔注入修复半径较小；在黏性土壤修复过程中易出现涌浆现象，若污染地块渗透系数较小，在注入过程中易发生井喷现象，实际注入药剂难以达到标靶位置；氧化剂类型、加入方式、活化方式等因素影响污染物的去除效果；渗透性较差的土层（如黏土）会使药剂传输速率减慢，影响氧化效果，易存在修复薄弱区；修复药剂在不同渗透系数土层中扩散半径不同，当土层渗透性差异大时，药剂传输过程中存在“优势通道”；多个注入井影响半径共同覆盖的边缘区域药剂量较小，应重点关注；氧化剂效果持久性不足时，往往导致污染物反弹现象；氧化药剂及其强化剂、污染物氧化中间产物等，可能造成二次污染；清挖过程易导致 BETX 等 VOCs 挥发扩散，造成二次污染
3	多相抽提技术	抽提系统应用受深度限制；需关注地下水位及其变化情况；对于黏土土质污染土壤，多相抽提较难实现；在黏土土质中远离抽提点的污染土壤修复后，达不到修复效果；抽提真空度不足时，容易导致污染物去除效率低；抽提出来的污染物和水形成乳浊液，加大了废水处理难度；当存在自由相或残留相 NAPL 时，可能会造成土壤污染范围扩大，特别是难以抽出重油重非水相流体（DNAPL）
4	土壤洗脱技术	污染土赋存在不同粒径的土壤颗粒中，土壤筛分洗脱的切割粒径划分影响减量化和洗脱效果；污染物的存在形态、腐殖质影响洗脱效率；洗脱药剂配方、洗脱停留时间、pH、固液比等工艺操控条件对洗脱结果影响大；对于土壤中残渣态含量较高的土壤，淋洗效果差；对于高浓度污染土壤，单一淋洗技术修复达标率低，需与其他工艺结合使用；较高浓度的污染物浓缩至泥饼中，需后续进一步处置；淋洗产生大量废水或淋洗液，处理回用或排放难度大
5	水泥窑协同处置技术	水泥生产对进料中氯、硫、氟等元素有要求，需满足进窑条件；预处理、投料和尾气排放过程中易产生二次污染；由于水泥窑处置能力有限，处置现场的污染土暂存时间长，易产生二次污染；处理前需对现有水泥窑处置系统进行改造，以满足投料、尾气排放等需要
6	固化 / 稳定化技术	原位固化 / 稳定化处理高含水率黏性及淤泥质土壤时，难以保证药剂与污染介质均匀混合，修复效果较差；土壤中重金属的赋存形态多样，且分布不均，易导致修复效果不理想；对于变价重金属或类金属的固化稳定化后，固化体受环境氧化还原电位（Eh）的影响，存在释放的风险；多种重金属同时存在时，部分重金属的固化稳定化较差；由于存在反应的可逆性，目标污染物可能再次反应生成，修复效果稳定性不足，存在长期的污染风险；对于地下水埋深较浅的污染场地及酸雨发生频次较高地区，需对系统的稳定性和浸出性（地下水）进行加密监测；水文地质情况、药剂配方、活化方式等对固化稳定化结果影响大

续表

序号	技术名称	在效果评估工作中需要考虑的问题
7	土壤阻隔填埋技术	土壤阻隔填埋技术无法去除污染物，需在阻隔体内及四周布设监控点位，进行长期风险管控；阻隔材料、密封材料的选型和设计会显著影响阻隔效果；须对阻隔效果进行渗漏检测，及时发现漏点；阻隔区域需避免其他可能破坏阻隔效果的开发活动
8	生物堆技术	生物堆技术修复时间较长，特别是高环 PAHs 物质；易受周边环境温度、湿度、营养物质、pH 等的影响，技术适应性不足；无法去除复合污染中的重金属，高环 PAHs 降解困难，对高浓度的污染土壤修复效果较差；生物堆运维条件严格，需利用和筛选该项目适宜的微生物或营养包
9	地下水抽出处理技术	地下水抽出处理会对修复区地下水流向产生干扰，导致污染羽面积逐步缩小，同时抽出井和注入井沿线两侧延伸；当存在自由相或残留相 NAPL 时，可能造成土壤污染范围扩大，特别是难以抽出重油 DNAPL；受水文地质条件限制，含水层介质与污染物之间相互作用，随着抽水工程的进行，抽出污染物浓度变低，出现拖尾现象；在渗透性低的污染地块中进行修复，可能达不到修复目标值；抽提水量大，废水处理和回灌可能造成水体二次污染；处理过程中易发生跑漏现象，造成二次污染
10	可渗透反应墙技术	可渗透反应墙技术不适用于存在残留相 NAPL 或自由相 NAPL 的污染地块；运维过程中，应避免反应墙体堵塞；墙体材料、填充方法、墙体厚度和水力梯度、流速等对污染物去除效果影响大；墙体吸附、氧化还原等消耗完毕后，导致失效，影响处理效果
11	原位生物通风技术	原位生物通风技术对高浓度焦化污染土壤修复效果不佳；运维条件严格，为避免微生物死亡或失活，需要高强度的监测监控，适时补给养分和水分；无法去除复合污染中的重金属，高环 PAHs 降解困难，耗时长，效率低

应在焦化污染地块内的重点功能区，如焦炉区、硫酸罐区、沉淀池、油库、焦炉气冷凝区、电捕集焦油区、焦油和焦渣回收区、脱苯区、事故池等，根据污染程度和地块面积适当增加布点数量。

5.4.2　污染土壤异位修复效果评估技术要点

（1）评估范围

焦化污染地块内土壤采用异位修复后，评估对象包括污染土壤挖掘后遗留基坑的底部和侧壁、异位修复后的土壤堆体，以及异位修复可能涉及的二次污染区域。

（2）评估指标和标准值

污染土壤挖掘后遗留的基坑底部和侧壁的效果评估指标为修复方案中确定的目标污染物，效果评估标准值为修复方案中确定的基坑清理目标值。

异位修复后的土壤堆体应根据其最终去向确定效果评估标准值。若回填到原地块，评估标准值为修复方案中确定的污染物修复目标值；若外运到其他地块，应根据其目的场地情况和环境管理要求确定评估标准值，必要时根据目的地实际情况进行风险评估。

若采用异位修复的相邻基坑目标污染物不同，应同步考虑相邻基坑中的污染物。

（3）采样时间和频次

对于异位修复工程清理的基坑底部和侧壁，需在污染土壤挖掘之后、回填之前采样。

按照堆体模式进行修复的土壤，宜在堆体拆除之前进行采样。

小地块，原则上不分批次采样；大地块或分区域开发的地块，必要时可开展分批次采样及数据整体评估。

（4）布点方法和数量

异位修复后遗留基坑底部、侧壁及土壤堆体的修复效果评估布点数量和位置，按照 HJ 25.2、HJ 25.5 等标准执行。

采集苯系物、有机氯化物等挥发性有机污染物样品时，不得采用混合取样，应深入堆体（采样单元）中心采样，每个采样单元内采集不少于 1 个样品。

5.4.3 污染地下水修复效果评估技术要点

（1）评估范围

地下水修复效果评估的范围应包括地下水修复范围的上游、内部和下游，以及修复可能涉及的二次污染区域。

（2）评估指标和标准值

焦化污染地块地下水修复效果评估指标为修复方案中确定的目标污染物，其修复效果评估标准值为修复方案中确定的目标污染物修复目标值；同时，焦化污染地块的地下水修复效果评估宜考虑可能的二次污染物和中间产物。

化学氧化 / 还原、微生物修复后的地下水的检测指标应包括产生的二次污染物，评估标准值应根据修复技术方案中的可行性分析结果和地下水修复工程运行监测结果确定，或根据暴露情景进行风险评估后确定。

必要时可增加地下水常规指标、修复设施运行参数等，作为修复效果评估的依据。

（3）采样时间和频次

地下水采样工作开始前，须确定地下水修复活动已经终止，且需判断地下水处于稳定状态。采样节点参照 HJ 25.6 执行。

采用修复工程运行阶段监测数据进行修复达标初判，至少需要连续 4 个批次的季度监测数据。

地下水修复效果评估阶段应至少采集 8 个批次的样品，宜每季度采样一次，两个批次的间隔不应少于 1 个月，采样持续时间不应少于 1 年。

地下水修复效果评估采样频次应根据地块地质与水文地质条件、地下水修复方式确定，如水力梯度、渗透系数、季节变化和其他因素。

若修复过程改变了地下水流场，则需要达到新的稳定状态；对于地下水流场变化较大的地块，应适当提高采样频次。

地下水修复效果评估可分阶段实施，评估认为达到修复目标后，可转入长期监测。

（4）布点方法和数量

地下水修复效果评估范围上游应至少设置 1 个监测点位，内部应至少设置 3 个监测点位，下游应至少设置 2 个监测点位。

地下水采样点位应优先设置在修复设施运行薄弱区、地质与水文地质条件不利区域等。

地下水修复效果评估范围内部采样网格不宜大于 80 m × 80 m；存在非水溶性有机物，或污染物浓度高的区域，采样网格不宜大于 40 m × 40 m。

可充分利用地块环境调查、工程运行阶段设置的监测井，现有监测井应符合地下水修复效果评估采样条件。

5.4.4　污染土壤和地下水风险管控效果评估技术要点

（1）评估范围

污染土壤风险管控效果评估范围为修复方案确定的风险管控范围以及可能涉及的二次污染区域。

污染地下水风险管控效果评估的范围应包括地下水风险管控范围的上游、内部、两侧和下游，以及可能涉及的二次污染区域。

（2）评估指标和标准值

污染土壤固化 / 稳定化效果评估通常需要评估工程性能和污染物两类指标。工程性能指标包括无侧限抗压强度、渗透系数、回弹模量、承载比、耐久性等；污染物指标为修复方案确定的目标污染物浸出浓度。

工程性能指标应满足设计要求，或不影响预期效果，其检测方法可参考 GB/T 50082

等具体的建筑规范要求。

固化/稳定化后，土壤污染物浸出浓度应达到接收地地下水用途对应标准值，或不会对地下水造成危害；根据其不同的再利用和处置方式，采用合适的浸出分析方法和效果评估标准值。

采用阻隔等工程措施对污染土壤和地下水进行风险管控时，其效果评估指标包括阻隔层结构、阻隔设施结构强度、阻隔层连续性、阻隔层渗透系数、抗压强度等工程性能指标。

采用风险管控措施的区域下游地下水中污染物浓度，短期内应持续降至相对稳定的低风险、可接受水平，地下水污染扩散得到控制；从长期来看，地下水质量应达到其功能要求。

可增加地下水位、地下水流速、地球化学参数等，作为风险管控效果的辅助判断依据。

实施隔离、制度控制等风险管控措施的地块，应定性评估这些风险管控措施的实施效果。

（3）采样时间和频次

风险管控工程效果评估应在工程设施完工 1 年内开展。

工程性能指标应按照工程实施评估周期和频次进行评估。

污染物指标应至少采集 4 个批次的样品，原则上采样频次为每季度一次，两个批次的间隔不应少于 1 个月。

对于地下水流场变化较大的地块，以及存在非水溶性有机物，或污染物浓度高的地块，可适当提高采样频次。

（4）布点方法和数量

地下水监测井需结合具体的风险管控措施进行布置，在风险管控范围上游、内部、两侧和下游，以及可能涉及的二次污染区域设置监测点位。

可充分利用地块环境调查、修复和风险管控实施阶段设置的监测井，现有监测井应符合风险管控效果评估采样条件。

5.4.5 潜在二次污染防治效果评估技术要点

（1）评估范围

潜在二次污染区域包括污染土壤暂存区、修复设施所在区、固体废物或危险废物堆存区、运输车辆临时道路、土壤或地下水待检区、废水暂存处理区、修复过程中污染物迁移涉及的区域、其他可能的二次污染区域。

含有苯系物、有机氯化物等挥发性有机污染物的焦化污染地块，宜适当扩大潜在二次污染区域范围。

评估对象主要为与污染土壤有接触或遗撒涉及的地面表层或其他区域。

（2）评估指标和标准值

潜在二次污染区域效果评估指标应依据地块调查评估、修复过程环境监理报告等资料确定。

施工作业区域的效果评估指标除地块的特征污染物外，还需要考虑与施工作业相关的特征污染物。例如，道路区域，需要附加考虑汽油、柴油等；土壤养护区，需要附加考虑投加药剂类型；可能发生化学反应的区域，需要附加考虑化学反应的中间产物等。

对于采用化学氧化 / 还原、热脱附、微生物修复等技术进行修复的焦化污染地块的土壤和地下水，检测指标应包括产生的二次污染物，其指标应根据修复技术方案和修复工程运行监测结果确定。

潜在二次污染区域效果评估标准值为修复目标值，也可参照 GB 36600 中一类用地筛选值确定，或进行残留污染物风险评估，分析其潜在风险，确保风险在可接受水平内。

若修复过程（如化学氧化 / 还原技术）中可能产生有毒有害物质，除修复方案中确定的指标外，还应检测潜在二次产物。在产物不明确的情况下，可在污染相对较重区域采集土壤和地下水样品，进行有机指标全扫描分析，以确定中间产物。

（3）采样时间和频次

潜在二次污染区域土壤应在修复工程结束后、此区域开发使用之前进行采样。

可根据工程进度对潜在二次污染区域进行分批次采样。

对于涉及固体废物或危险废物清除的焦化污染地块，应对清除后的区域进行采样评估。

（4）布点方法和数量

应先结合场地资料和现场勘查情况进行甄别，初步判断焦化污染地块潜在二次污染区域范围。潜在二次污染区域土壤原则上根据修复设施设置、潜在二次污染来源等资料判断布点，也可采用系统布点法设置采样点。潜在二次污染区域样品以去除杂质后的土壤表层样品为主（0～20 cm），不排除深层采样。地下水抽出处理过程中可能产生二次污染的区域，采样点位设置时，应将污染羽及其潜在污染区域统一考虑。

5.4.6 异味控制或消除效果评估技术要点

（1）评估范围

异味控制或消除的效果评估是针对存在异味并实施了异味控制或消除的焦化污染地块，评估范围为焦化污染地块边界内及周边影响区。

（2）评估指标和标准值

异味控制或消除效果评估指标应包括修复实施方案中确定的目标污染物及可能的二次污染物。

若修复实施方案中涉及恶臭修复目标，应按照修复方案要求开展效果评估。

可采用感官评判法对异味控制或消除效果进行现场评定，气味强度应低于 3 级。

对存在异味的地块，宜结合土壤气监测结果评定异味控制或消除效果。

（3）采样时间和频次

异味采样监测可按 HJ 905、HJ/T 55、GB 14675 的相关要求执行。

工程实施时，应在异味相对较重时段采样。样品采集次数不少于 3 次，取其最大测定值。

在修复或风险管控工程结束后，应再次评估异味消除或控制效果。

（4）布点方法和数量

进行异味控制或消除效果评估时，可参照 HJ 905 中大气无组织排放源监测的相关要求，在异味区域边界的上风向、下风向轴线及风向变化标准偏差范围内等区域布设点位，地块内有异味的方位也应布设点位。

一般应至少设置 3 个监测点位，可根据风向变化情况，适当增加点位数量。

5.5 效果评估方法应用情景分析

焦化污染地块风险管控与土壤修复效果评估方法是在《污染地块风险管控与土壤修复效果评估技术导则（试行）》（HJ 25.5）、《污染地块地下水修复和风险管控技术导则》（HJ 25.6）等生态环境标准的基础上，结合焦化污染地块的污染特点、污染物类型、污染特征、修复技术特点等，提出适用于焦化污染地块风险管控与治理修复效果评估的技术要求。针对评价方法的不同应用情景分析如下。

5.5.1 土壤原位修复效果评估

评估原位修复土壤效果时，建立三维网格进行均匀布点。考虑原位修复的不均匀性，建议平均每 400 m^3 土壤采集一个样品，即 20 m × 20 m × 1 m。同时，在焦化污染地块内的重点功能区，如焦炉区、硫酸罐区、沉淀池、油库等，可根据污染程度和地块面积适当增加布点数量。

5.5.2　修复薄弱区域修复效果评估

结合焦化污染地块的污染特征、地层分布、污染物迁移特征、不同修复技术的潜在薄弱点进行判断布点，必要时根据污染物聚集区、修复薄弱区的增加进行判断布点。修复薄弱区是综合考虑修复技术特征、施工过程、设备条件，污染物去除难易程度等参数。在这些修复薄弱区，可能由于以上参数条件的影响，使得地块污染物治理修复或风险管控不能达到预想的效果，而作为效果评估技术人员，必须从这些修复薄弱区的治理修复或风险管控效果中，总体评估地块修复效果。

5.5.3　二次污染区域管控效果评估

潜在二次污染区域包括污染土壤暂存区、修复设施所在区、固体废物或危险废物堆存区、运输车辆临时道路、土壤或地下水待检区、废水暂存处理区、修复过程中污染物迁移涉及的区域、其他可能的二次污染区域。施工作业区域的评估指标，除地块的特征污染物外，还需要考虑与施工作业相关的特征污染物，例如，道路区域，需要附加考虑汽油、柴油等；土壤养护区，需要附加考虑投加药剂类型；可能发生化学反应的区域，需要附加考虑化学反应的中间产物等。评估对象主要为与污染土壤有接触或遗撒涉及的地面表层或其他区域。原则上根据修复设施设置、潜在二次污染来源等资料判断布点，也可采用系统布点法设置采样点位。对于采用化学氧化 / 还原、热脱附、微生物修复等技术进行修复的土壤和地下水，检测指标应包括产生的二次污染物。原则上，二次污染物指标应根据修复技术方案中的可行性分析结果和修复工程运行监测结果确定。

5.5.4　异味管控效果评估

考虑到焦化污染地块挥发性污染物种类较多，若修复实施方案中涉及恶臭修复目标，执行方案要求进行验收；也可以根据地块责任单位要求，采用环境影响评价要求，开展“三同时”验收。对修复过程（如化学氧化 / 还原技术）可能产生的有毒有害物质，除修复方案中确定的指标外，还应检测潜在二次产物。在产物不明确的情况下，可开展生物毒性测试作为辅助。

参考文献

[1] 龙涛 . 基于风险管控的污染地块修复模式概述 [J]. 环境保护科学，2016，42(4)：36-39.

[2] 刘超 . 基于生态安全的环境友好型土地利用模式探讨 [J]. 安徽农业科学，2008，36(15)：6454-6455.

[3] 王慧，江海燕，肖荣波，等 . 城市棕地环境修复与再开发规划的国际经验 [J]. 规划师，2017(3)：19-24.

[4] 谷庆宝，侯德义，伍斌，等 . 污染场地绿色可持续修复理念、工程实践及对我国的启示 [J]. 环境工程学报，2015，9(8)：4061-4068.

[5] 曹康，金涛 . 国外“棕地再开发”土地利用策略及对我国的启示 [J]. 中国人口资源环境，2017，17(6)：124-129.

[6] 孙宁，张岩坤，丁贞玉，等 . 我国土壤环境管理名录制度实施中的问题分析和对策 [J]. 环境工程学报，2020，14(10)：2589-2594.

第6章 焦化污染地块修复后再开发利用环境管理研究

6.1 研究背景与意义

随着后工业时代的到来，世界各国的产业结构发生了巨大的变化。发达国家城市中的传统制造业衰落，发展中国家的传统产业也正在向城市外迁移，城市中的原有工业用地在产业空间重组的作用下逐步衰退、废弃，在城市中形成了大量的“棕地”。我国因工业企业“关、停、并、转”而遗留的“棕地”（场地、污染地块）超50万块，这些地块呈多源、复杂、持久、面广、量大等特征，对区域生态环境和人居环境安全构成严重威胁。例如，于2008年停产的中国石嘴山惠农区原石嘴山一矿、二矿、三矿片区，已进行了长达47年的煤矿开采，区域内沿北东向形成了一系列采煤塌陷区，总面积达9.1 km^2，最大沉陷深度达24.39 m。据有关部门统计，地面塌陷裂缝导致住宅受损面积为614 500 m^2，7条道路受损总长12 080 m，严重影响塌陷区内棚户区2万户、近4万人生活及城市建设发展。另外，棕地污染主要为土壤污染和地下水污染，不能轻易通过感官判别，久而久之，将严重威胁人类健康。根据全球疾病负担研究（GBD）的估计，2015年，环境污染导致900万人死亡，是艾滋、结核和疟疾致死总人数的3倍，占当年全球总死亡数的16%。其中，由土壤、重金属（包括铅）和化学污染导致的死亡人数约为100万。在“绿水青山就是金山银山”理念下，城市转型与可持续发展面临着生态系统退化、土地低效利用和空间格局不协调等问题，研究棕地修复再利用对城市的生态环境提升与空间结构优化具有重要意义。

自20世纪70年代开始，欧美等发达国家采取了一系列措施应对这类环境问题，包括制定政策法规、编制行业标准、设立修复基金、鼓励修复技术与装备创新等。我国棕地修复后再利用起步相对较晚，然而近年来逐步受到广泛关注，国家各部委出台了关于污染场地治理与再利用的一系列政策文件（表6-1）。2012年，党的十八大明确提出要守住土地与环境资源红线，“严控增量，盘活存量”。同年，由环境保护部、工业和信息化部、国土资源部、住房和城乡建设部联合发布的《关于保障工业企业场地再开发利用环境安全的通知》，针对工业企业场地变更利用方式、变更土地使用权人时所要开展的环境调查、风险评估、治理修复等工作做出了具有可操作性的规定。2014 年 6 月，国土资源部发布《节约集约利用土地规定》，强调存量土地的盘活利用；其政策法规司司长更是明确指出，我国“处于低效利用状态的城镇工矿建设用地约 5 000 km^2，占全国城市建成区的 11%”。2017 年，国务院发布的《全国国土规划纲要（2016—2030 年）》指出了面临的四大严峻挑战，分别是不断加剧的资源约束、加大的生态环境压力、亟须优化的国土空间开发格局和有待提升的国土开发质量。2017 年，住房和城乡建设部提出“城市双修”，即“生态修复和城市修补”，旨在应对资源、环境、生态、基础设施及公共服务等方面的问题。明确指出，要通过加快山体修复、修复利用废弃地、完善绿地系统等措施，修复城市生态，增加公共空间，改善生态功能，提升环境品质，满足居民出行“300 米见绿、500 米入园”，以及健身休闲和公共活动的需求。特别是 2016 年的《土壤污染防治行动计划》和 2019 年 1 月 1 日起正式施行的《中华人民共和国土壤污染防治法》等，进一步推进了棕地再生实践的规范化发展。

表 6-1　我国城市污染地块治理与再利用相关政策

序号	名称	颁布部门	颁布 / 修订时间
1	《关于加强重金属污染防治工作的指导意见》	环境保护部	2009
2	《危险化学品安全管理条例》	国务院	2011
3	《国务院关于加强环境保护重点工作的意见》（国发〔2011〕35 号）	国务院	2011
4	《重金属污染综合防治“十二五”规划》	环境保护部	2011
5	《关于保障工业企业场地再开发利用环境安全的通知》（环发〔2012〕140 号）	环境保护部、工业和信息化部、国土资源部、住房和城乡建设部	2012
6	《节约集约利用土地规定》	国土资源部	2014
7	《中华人民共和国环境保护法》	第七届全国人民代表大会常务委员会	2015
8	《土壤污染防治行动计划》（国发〔2016〕31 号）	国务院	2016
9	《全国城市生态保护与建设规划（2015—2020 年）》	住房和城乡建设部、环境保护部	2016
10	《关于加强生态修复、城市修补工作的指导意见》	住房和城乡建设部	2017
11	《建设项目危险废物环境影响评价指南》（环发〔2017〕43 号）	环境保护部	2017
12	《中华人民共和国土壤污染防治法》	第十三届全国人民代表大会常务委员会第五次会议	2018

焦化污染场地是棕地的重要类型之一。对焦化污染场地进行再开发治理，可以带来以下三个方面的效益。

一是可以对城市用地进行有效的重复利用。减少城市建设中对“绿地”的直接开发，减缓城市蔓延，同时可以减缓城市中心衰退的步伐，给城市注入新的活力。例如，英国伦敦奥林匹克公园大部分建于工矿企业污染区域上；中国武汉国际园林博览会建于封场的垃圾填埋场上；中国北京首钢因 2008 年、2022 年北京冬奥会等原因停产，并改造为城市综合发展区。

二是焦化厂作为一种新型的文化遗产，所形成的工业建（构）筑物及设施设备具有独特的工业风貌，具有自身的历史、社会、科技等综合价值，对其进行修复再利用有利于保留城市历史记忆，突出地区特色风貌，形成多样化的城市形象。例如，兴建于 1959 年的北京焦化厂位于北京东郊的垡头工业区，是国庆十大建筑的配套工程。北京焦化厂的建设不仅代表着北京煤化工工业的建立和发展，还开创了首都燃气化建设的历史，对北京现代化建设具有重要意义。

三是焦化污染场地的再开发可以提供更多的经济和社会机遇，不仅可以盘活棕地自身的经济价值，对其周边的土地用途也具有潜在的影响力，还有助于提升棕地所在区域的经济活力，激发城市新动力。例如，美国的马萨诸塞州的新贝德福德（New Bedford）和新泽西州的特伦顿市（Trenton）因为推进棕地再开发而享有国际声誉，因此而吸引一批新型企业和经济活动进入社区，推动了城市的进一步发展。此外，Sullivan 等分析了 48 个棕地的数据后发现，治理棕地使地方政府在一年内增加了 2 900 万～9 700 万美元的税收收入，是环境保护局 1 240 万美元棕地专项资金投入的 2～7 倍。

因此，将焦化工业旧址保护与新功能承载有效融合，并产生新的发展驱动力，将有效促进城市的更新与发展。然而，采用何种管理模式对焦化污染场地进行再开发利用，关系其发展前途，亟须深入研究。

6.2　国内外研究现状

6.2.1　国内研究现状

我国近年来越来越关注污染场地产生的环境危害，国家有关部委出台了关于污染场地治理与再利用的一系列政策文件，明确了 2020—2030 年，建设用地土壤环境安全要从基本保障走向有效保障；土壤环境风险要由基本管控发展成全面管控，以及 2020 年城市受损弃置地生态与景观恢复率≥80% 的目标，并在推进土壤污染防治立法、健全环境影响评价机制、严控污染场地土地流转、开展土壤污染调查、科学确定被污染场地的用途、开展治理修复、建立数据库和共享环境管理信息平台等方面进行了规定。这些政策文件有力促进了我国污染地块治理与再利用，具有很强的指导意义。

各地方政府面对污染地块治理与再利用，也提出了相应的政策和导则。例如，北京市质量技术监督局于2015年发布了《污染场地修复后土壤再利用环境评估导则》（DB11/T 1281—2015），广州市生态环境局于2020年出台了《广州市污染地块修复后环境监管工作要点（试行）》（穗环办〔2020〕84号）。上述文件对焦化污染地块修复后再开发利用未提出明确的技术要求。

然而，目前对污染地块及其再利用的科学认识仍较为模糊，有关污染地块安全利用阶段管理政策相对不足，法律法规体系尚不健全，污染地块修复后再开发利用的管理缺乏具体的政策、法规、技术等方面的指导文件。究其原因，主要是我国污染地块管理全流程没有打通，修复后地块安全利用流转过程中还存在诸多节点不清、主体不明的问题。因此，应建立全面完善的焦化污染地块修复后安全利用的多部门协同管理机制，出台焦化污染地块修复后安全利用的环境管理技术指南，有效防控再开发利用阶段的潜在风险。

6.2.2 国外研究现状

国外对于地块再开发利用的环境管理工作开展较早，也较为系统。各国在棕地治理及再开发利用中，根据各自情况采取了不同的策略和方法，包括棕地调查与风险评估、污染物控制标准和技术导则制定、完善法律法规、建立规划参与机制和资金支持等方面（表6-2）。本研究充分收集英、美、德等国家在地块再开发利用中出现的问题、解决问题的方式方法、再利用过程中的环境管理等，结合我国实际，借鉴国外的先进经验。

表6-2 各个国家（地区）关于城市棕地治理与再利用的政策分析

国家（地区）	政策法规	政策实践路径
美国	《超级基金法》 《棕地行动议程》 《复苏与再投资法案》	自上而下，健全立法体系；突出关键问题，厘清路径；棕地评估分类，设立专项资金；针对不同棕地，进行全面技术探索；美国国家环境保护局及国际城市管理协会（ICMA）牵头，召开棕地年会；设立凤凰奖和棕地重建奖，完善奖励机制
德国、荷兰	德国《联邦土壤保护和污染场地条例》、荷兰《土壤质量法令》	合作发展，建立协调组织；建立棕地法案；针对具体情况，制定棕地管理、清理、风险评价标准；完成人类健康风险评估，确定针对不同污染物的立法方针；设立棕地奖项

续表

国家（地区）	政策法规	政策实践路径
加拿大	《环境保护法》 《推荐土壤质量导则》	地方主导，制定详细棕地再开发程序；建立污染场地修复框架，技术同实践并重；开发专门网站，搭建交流平台；设立基金［绿色城市基金（GMF）］，重点资助棕地重建
日本	《土壤污染法》 《土壤污染对策法》	民政协同，建立专项立法；财税优惠，减免棕地清理课税；设立组织，协同国家解决棕地问题

6.2.2.1　国外污染地块修复后再开发利用的环境管理

美国是棕地再开发策略最积极的倡导国和实践国，其棕地开发利用的成功与政府的大力扶持有很大关系。美国市长联合会对 231 座城市的调查统计显示，截至 2000 年，棕地再开发使美国新增 55 万个就业机会和 24 亿美元的赋税收入。这一巨大成功与政府从法律、金融、政策等方面对这一策略的大力扶持有极大关系。美国早期制定了有关棕地的第一部法律——《综合环境反应、赔偿与责任法》（简称《超级基金法》），它是美国棕地治理方面的重要依据。美国超级基金修复程序提出了场地长期管理、监测和回顾性评价的要求，但修复后再利用土壤的长期监管内容相对薄弱（监管流程如图 6-1 所示）。除国家环境保护局以外，美国的住房与城市发展部、商务部经济发展局、交通部、小企业主利益保护局、美国陆军工兵军团等联邦部门、组织、机构，也通过多种举措支持棕地清理与再生。除由国家环境保护局直接负责的重污染棕地外，污染较轻的棕地由州政府负责。各州政府通过自主清理计划实施对棕地的清理，目前已有 47 个州制订了计划。除都需要符合国家环境保护局的某些标准这一共同点外，这些计划在很多方面因具有每个州的立法、财政等方面的特质而各不相同。为了与地方政府的治理政策相协调，国家环境保护局还与 14 个州政府签署了同意备忘录，目的是使政策与标准不发生冲突，并给予地方计划充分的信任和自主权。私人开发商则在各级政府的政策扶持下对棕地进行投资，通过治理、规划和重建等手段对其进行再次开发利用。其他研究机构和非营利组织则通过技术支持方式对再开发进行协助。因棕地再开发有益于社区复兴，社区民众通常也积极响应和参与再开发项目。从这些方面可以看出，美国各级政府、相关利益团体和私人企业之间形成了密切的合作关系，形成了一个棕地再开发的成熟运行机制，这是其成功的关键。

由于特殊的地理气候条件，加拿大并没有经历类似美国的郊区化过程，其城市中心的居住密度大、土地需求高，直接刺激了对棕地的再开发。加拿大在棕地治理方面制定了一系列政策、方针和法律，在政府、开发商及公众三方的合作下，成功

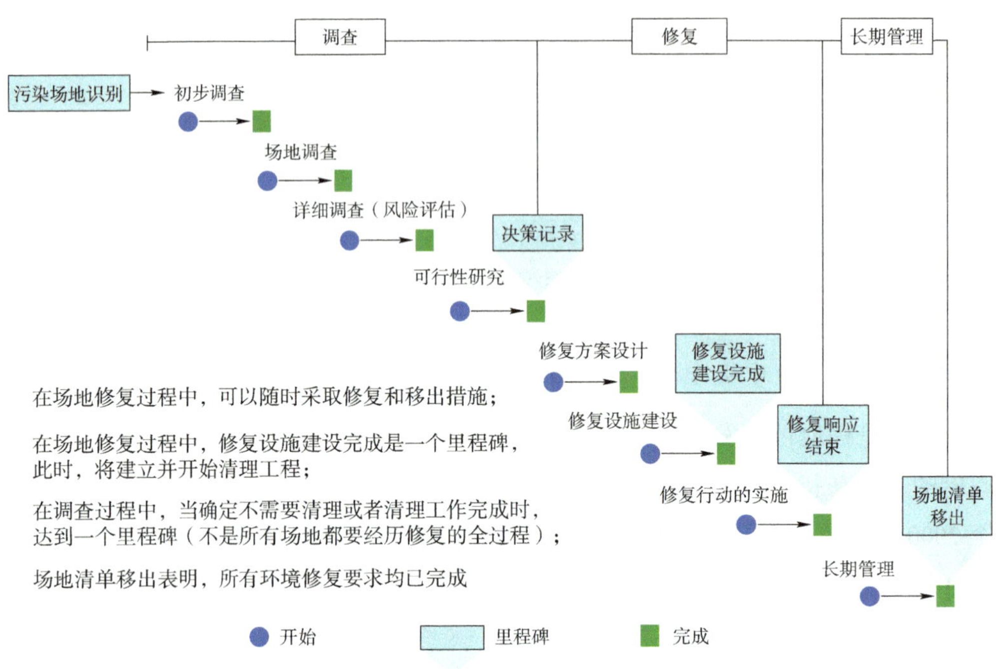

图 6-1　美国污染场地监管程序及长期监管节点

完成了很多棕地再开发项目。政府在棕地的再开发过程中只负责战略层面的工作，包括进行战略性投资、建立公共政策部门、提高公众意识等。加拿大在棕地再开发方面的运作程序如图 6-2 所示。

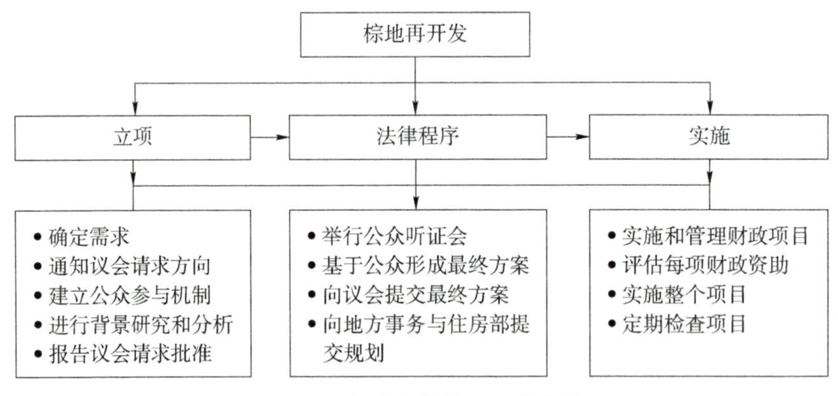

图 6-2　加拿大棕地再开发流程

英国的棕地开发利用是经济社会可持续发展战略的一部分。1998 年 2 月，英国政府制定了两个定量目标：一个是到 2004 年，棕地要以每年至少 1 100 hm^2 的速度进行改善；另一个是到 2008 年，要有 60% 的新建住房或已有住宅翻建，在棕地上进行开发。1998 年 4 月，英国国家环境、交通及土地部门着手建立全国土地利用数据库，将土地用途划分为 51 类，分类整理“棕地”。英国的几个主要税收政策激励人们从对绿地的开发转向对棕地的治理和再开发。2001 年，国内税务局颁布减免税，规定对治理污染土地的公司减免 150% 的企业增值税。英国许多地区都制订了资金援助计划，例如为了治理废弃的建筑物，废弃物援助计划给予现存废弃建筑物 100% 资金援助，使其从社会、环境、经济这几个方面得以再利用。英国的环保法律对棕地的清理责任做了限定，减少了约束与过多强制性清理义务，以免对房地产市场造成负面影响。

此外，澳大利亚的长期监管制度针对污染不能彻底清除修复的场地、采用原位阻隔技术的修复场地等多种情况的污染场地，提出了长期监测的方案设计、监测指标以及重新评估的相关技术规定，修复后再利用土壤的内容相对较少。荷兰土壤银行是在该国法律框架下服务于内城区域或者工业区改造、建设，以便进行土壤物流管理、促进和优化土壤再利用、充分处理处置污染土壤为核心业务的重要设施。其主要目的是把土壤供给与需求连接起来。自 20 世纪 50 年代起，日本着手更新城市中心区域，至 20 世纪末完成第五次规划。依据《城市再开发法》完成了许多工厂旧址再开发的项目，其方式主要是单纯转换用途，以开发购物中心及公寓为主。20 世纪 70 年代后，其更新改造方式逐渐向综合性大型工程发展。

6.2.2.2　实践状况综述

（1）德国鲁尔工业区

1980 年，德国对于工业废弃地再利用拟定“土地基金”政策，由州政府成立土地基金，购地后进行修复，原存在污染的土地通过污染整治措施后达到相关标准，进而出让给其他企业，变成新的工业用地、绿地或者居民区。20 世纪 60 年代，德国鲁尔工业区持续致力于旧工业区块的更新，结合了调整内部结构、更新改造两种改造模式，是城市更新中旧工业区块成功改造的典型案例。由重污染的制造业中心过渡到高科技企业集中区，全面整治及清除旧重工业导致的生态污染，完成了产业转型、旧工业区块生态环境优化两大要求。

1975 年以后，随着传统煤矿、钢铁产业的没落，德国鲁尔工业区出现大量棕地，这些地块大多区位较好。同时，城市扩展不断蚕食城郊绿地。在鲁尔区工业这样一个高密度城市化的地区，土地显得尤为稀缺和宝贵。因此，鲁尔区工业对棕地进行了大规模的修复整治和再利用。工业用地的修复改造再利用是鲁尔工业区城市转型发展的一个战略选择，不仅解决了土壤污染问题，改善了城市面貌，而且促进了存量土地的集约利用。对衰败工业区工业遗产旅游的开发，鲁尔工业区主要采取了四种方式：博物馆开发模式，休闲旅游观光开发模式，传统工业区转化为现代科学园区、服务产业园区等，将工业设施改建为购物娱乐中心。

鲁尔工业区在棕地再开发利用环境管理方面有非常值得借鉴的经验，主要是部门间的联动协作和公众参与。棕地再开发是一个联动协作过程，从棕地修复治理到再利用，许多环节离不开土地权利人、土壤保护部门、规划管理部门以及项目开发受益人的共同参与。

（2）日本富冈制丝厂

1988 年，工业遗产保护利用意识逐渐觉醒，日本文化厅发表《我国的文化与文化行政》，指出应推进土地开发与文化遗产保护协调发展。为确定工业遗产保护和利用的价值，1990 年，开展了对日本近代遗产的综合调查，全民动员，调查员培训，从近代化的角度，普查文化遗产，包括记载日本近代化工业历程的工业遗产。对文化馆的调查到 1999 年初步完成。2007 年，经济产业省成立“工业遗产活用委员会”，主要工作是负责“近代化产业遗产”的鉴定，这是对工业遗产的特别调查和鉴定。

富冈制丝厂是明治政府出于日本现代化的目的，在明治 5 年（1872 年）建立的第一家机械制丝示范厂，面积达 53 738 m^3。场地内包含缫丝车间、车间仓库和住宅等建筑物，是当时世界上最大的车间。厂房为砖混结构，以混凝土构造柱、木框为主，外边廊道是铸铁结构，记录了日本传统木结构向现代建筑的过渡。1987 年，由于生丝价格的低迷而停止生产。在当地政府和企业的努力下，并没有强行对其进行拆建，而是将该风貌完好地保存下来。此举得到了民众、社会和世界上的广泛认同。2007 年 1 月 30 日，以“富冈制丝厂和丝绸产业遗产群落”为主体的近代化遗产被登记在日本的世界遗产预选名单中；2014 年 6 月，在第 38 次世界遗产委员会会议上被正式登记在册。

6.2.3 再利用过程中重点问题研究

污染地块再开发利用过程环境管理涉及修复工作成效、开发利用要求和后期环境风险管理等。课题研究在充分总结焦化污染地块污染特征的基础上，通过核实焦化污染地块再开发类型、修复后土壤再利用方式、后期管理建议及落实等情况，确认再开发利用环境管理对象，并从制度控制、跟踪监测、应急预案等再开发利用过程中的重点方面提出相应的技术要求，研究编制适用于京津冀及周边地区焦化污染地块再开发利用的环境管理技术指南。

课题组重点调研了国内几个典型的焦化污染地块修复案例，对修复过程基本情况及修复后再开发利用规划开展了调研。调研结果见表 6-3。

表 6-3　焦化污染地块修复后再开发利用规划案例信息

序号	地块名称	生产历史	修复时间	修复面积 /m^2	用地规划	污染介质	主要污染物	修复技术
1	昆明焦化制气有限公司场地污染土壤修复技术应用试点（一期）（改扩建）	1983 年建厂；1986 年焦炉正式投产，年产焦炭 30 万 t，日产煤气 20 万 m^3；截至 2015 年，焦炭产能为 130 万 t/a，城市煤气供气能力为 2.76 亿 m^3/a，化工产品深加工能力为 20 万 t/a。主要产品有焦炭、煤气、煤焦油、粗苯、硫酸铵、黄血盐钠、硫黄等；2016 年 11 月停产	2017 年 12 月	6 343	原址规划为昆明宝象林红国际物流基地，采用《场地土壤环境风险评价筛选值》（DB11/T 811—2011）中的商服 / 工业用地筛选值作为本项目土壤评价标准	土壤	酚、硫化物、多环芳烃、烟尘、其他废气及废水	多环芳烃污染土壤采用异位热脱附技术；含苯污染土壤用异位常温解吸加化学氧化技术
2	首钢园区焦化厂（原料）地块污染治理项目（新建）	20 世纪 60 年代，首钢已具有焦化、烧结、炼铁、炼钢、轧钢等生产工艺；2012 年停产，开始场调	2019 年 5 月	47 002	原地规划为绿地	土壤、土壤气	萘、苯并 [*a*] 蒽、苯并 [*b*] 荧蒽、苯并 [*a*] 芘、茚并 [1, 2, 3-*cd*] 芘、二苯并 [*a*, *h*] 蒽和总石油烃	高风险区采用原位热脱附技术；低风险区采用“原位阻隔 + 生物通风 + 气相抽提”技术
3	苏钢地块老区焦化区域污染场地修复工程	1957 年建厂，先后生产了生铁、钢材、焦炭、特钢等产品，2008 年停产	2018 年 9 月	17 542	修复后用地性质为商业用地	土壤、地下水	土壤污染：苯、萘、苯并 [*a*] 芘； 地下水：萘	土壤修复技术为异位热脱附（油泥状污染土）、异位化学氧化（非油泥状污染土）、原位化学氧化技术
4	无锡焦化厂退役场地东厂区地块修复项目	1958 年建厂，主要生产单元为堆煤区、储煤区、鼓风工段、磷铵工段、粗苯工段、脱硫工段、循环水站和滤料堆积区等，2010 年关停搬迁	2019 年 3 月	18 405	该地块规划用途调整为居住和教育用地，按商住用地修复目标修复	土壤	重金属、苯、多环芳烃及二苯并呋喃	异位热脱附（二苯并呋喃，复合污染土：多环芳烃）；异位固化 / 稳定化（重金属）；常温解吸（苯）

6.3 主要研究内容

结合焦化地块多污染介质、多污染类型的特点，开展再开发利用的环境管理研究。制定涉及地块、土壤等再开发利用的环境管理技术指南，并进行焦化场地课题的试验验证。

6.4 环境管理对象

环境管理对象包括：

1）土壤目标污染物修复目标值高于 GB 36600 第一类用地筛选值的地块。包括规划用途为 GB 36600 第一类用地，修复目标值高于第一类用地筛选值的地块；规划用途为 GB 36600 第二类用地，修复目标值为第二类用地筛选值或以上的地块。

2）实施风险管控的地块。

3）修复后再利用的土壤，包括原地块再利用的土壤和外运至其他地块再利用的土壤。

6.5 再开发利用环境管理技术要点

6.5.1 制度控制

制度控制包括限制地块使用方式、通知和公告地块潜在风险、定期巡查、跟踪土壤去向等，多种制度控制方式可同时使用。

（1）限制地块使用方式

限制地块使用方式，确保修复后地块实际建设用途与效果评估报告载明的规划用途一致。规划用途发生变更的，应重新评估地块再开发的安全性。

（2）通知和公告地块潜在风险

采取网站公示、信息公告牌、设置警示标志等方式通知和公告地块潜在风险，公示内容应满足公众知情需求，应至少包含地块名称、主要污染物、潜在风险范围、风险管控措施、环境管理要求等内容。

（3）定期巡查

应定期巡查公告牌的完整性、阻隔措施的有效性、长期监测井等设施的完备性，防止出现上述设施被破坏、扰动的风险。

（4）跟踪土壤去向

修复后土壤外运到其他地块，应根据接收地土壤暴露情景进行风险评估，确定评估标准值，或采用接收地土壤背景浓度与 GB 36600 中接收地用地性质对应筛选值较高者作为评估标准值，并确保接收地的土壤和地下水环境安全。

修复后土壤用于路基下方填土时，应满足《城镇道路工程施工与质量验收规范》（CJJ 1）中对路基土的相关要求。穿过填方区的供水管线，应做好保护措施，填方区附近应远离水量控制等设施。

修复后土壤用于绿化种植土时，应满足《绿化种植土壤》（CJ/T 340）相关要求。绿地上方不宜种植食用作物。

采用水泥窑协同处置技术生产水泥产品，或将修复后土壤用于制砖、生产陶粒或其他建筑材料的，应满足 GB 30485、GB 175 等相关标准要求，必要时检测产品质量。

6.5.2　监测要求

（1）监测对象

实施风险管控地块的土壤和地下水。

（2）监测布点

1）土壤：在风险管控区域四周，至少各布设 1 个采样点位。

2）地下水：在污染羽下游设置监测井，监测井的数量根据污染羽的面积和范围确定，数量不少于 1 个。地下水流向存在季节性变化的区域，应根据变化情况增加监测井数量。

3）监测频次：每年一次。地下水可根据污染物的衰减趋势酌情增加或降低监测频次。

4）监测指标：包括工程性能指标和污染物指标。工程性能指标包括抗压强度、渗透性能、阻隔性能、工程设施连续性与完整性等；污染物指标为目标污染物。采用化学氧化、化学还原等技术修复后的地块，监测指标应包括产生的二次污染物。

6.6　应急预案

焦化污染地块修复后再开发利用可能发生的异常情况，一般是指阻隔等风险管控措施失效，导致污染物发生不可控的扩散。

应急预案包括应急机构和人员、应急物资和装备、应急措施、应急监测、应急处置能力培训等。地块使用权人应根据应急预案做好应急物资等准备，发生突发环境事件时，立即按照应急预案及时采取应急措施，并开展应急监测。

应急措施一般包括：

启动应急制度控制措施，封闭和隔离污染区域，禁止无关人员进入，停止地块内所有可能导致污染危害扩大的行为和活动。排查所有可能造成污染的污染源，切断污染途径，防止污染范围进一步扩大。

实施应急工程控制措施，对环境风险源及受到污染的环境介质进行有效处理，防止污染扩散或产生二次污染物。

应急监测的对象为受到或可能受到污染的土壤、地表水、地下水或环境空气等环境介质。监测点的位置和频次应能够评估污染类型、程度和范围，以及采取应急措施后污染的变化趋势。应急监测按照 HJ 589 的要求开展，地块已有监测设施满足 HJ 589 要求的，优先使用原有设施。

参考文献

[1] 钟重，张弛，冯一舰，等 . 中国污染土壤再利用的环境管理思路探讨 [J]. 环境污染与防治，2021，43(1)：115-120.

[2] 易莲红，张薇. 城市棕地的景观更新与再利用的模式研究 [J]. 绿色科技，2016(23)：116-118.

[3] 邓一荣，刘丽丽，李韦钰，等. 基于健康风险评估的棕地再开发利用控规优化研究 [J]. 生态经济，2019，35(8)：223-229.

[4] 付泉川 . 中国资源衰退型城市棕地群空间特征与再生策略研究 [R]. 北京：清华大学，2021.

[5] Haninger K, Ma L, Timmins C. The Value of Brownfield Remediation[J]. Journal of the Association of Environmental and Resource Economists, 2017, 4(1): 197-241.

[6] 里夔 . 城市更新过程中旧工业区块生态化的用地策略研究——以义乌市为例 [R]. 杭州：浙江大学，2018.

[7] 徐友宁，李玉武，张江华，等 . 宁夏石嘴山采煤塌陷区地质环境治理模式研究 [J]. 西北地质，2015，48(4)：183-189.

[8] Landrigan P J, Fuller R, Acosta N J R, et al. The Lancet Commission on Pollution and Health[J]. The Lancet, 2018, 391(10119): 462-512.

[9] 蔡云楠，何志文，梁锐．棕地概念及国内外开发利用实践 [J]. 广东工业大学学报，2022，39(1)：115-122.

[10] 刘伯英，李匡．北京焦化厂工业遗产资源保护与再利用城市设计 [J]. 北京规划建设，2007(2)：67-73.

[11] Sullivan K A. Brownfields Remediation: Impact on Local Residential Property Tax Revenue[J]. Journal of Environmental Assessment Policy and Management, 2017, 19(3): 1750013.

[12] 蔡云楠，何志文，梁锐．棕地概念及国内外开发利用实践 [J]. 广东工业大学学报，2022，39(1)：115-122.

[13] 曹康，金涛 . 国外“棕地再开发”土地利用策略及对我国的启示 [J]. 中国人口资源与环境，2007，17(6)：124-129.

[14] 赵菲菲，许月卿，李艳华．棕地再开发国内外比较研究 [J]. 国土与自然资源研究，2014(3)：14-18.

[15] 薛春璐，周伟，郑新奇 . 国外棕地治理与再开发政策对我国棕地利用的启示 [J]. 资源与产业，2012，14(3)：141-146.

第 7 章　集成示范新技术推广应用研究

20 世纪中后期，焦化行业随着钢铁工业快速发展。21 世纪初，焦炭产量占世界焦炭总产量比重达到峰值，全国焦化企业分布在山西、河北、山东、内蒙古、江苏等 28 个省（区、市）。随着经济的发展、人民生活水平的提高，企业布局、产业结构调整、资源优化、环境治理与提升成为全焦化行业必修课。尤其是近年来，城市规模扩张与经济结构转型，国家出台“退二进三”“退城进园”等一系列政策，产业结构调整深入推进，大量工业企业关闭或搬迁，遗留污染场地被再次开发利用，成为居住用地、商业用地、公共设施用地及绿化用地，对于人体健康和生态环境来说存在极大的安全隐患。《中华人民共和国土壤污染防治法》中明确规定，未达到土壤污染风险评估报告确定的风险管控、修复目标的建设用地地块，禁止开工建设。目前，国内外在污染场地修复和风险管控等方面取得了一定进展，但是我国在场地修复，尤其是焦化场地修复方面起步较晚，修复技术、模式及市场等还不够完善，如何选择合适的修复技术成为一个难题。

因此，需要通过总结焦化场地典型污染物治理经验，结合国内外现有修复技术及案例，总结其适用范围及应用条件，分析典型、新型修复技术和设备的推广应用现状，集成因地制宜的修复技术体系并进行推广，最终实现场地安全再利用的经济效益与社会效益的统一。

7.1　修复技术和设备的应用

7.1.1　应用现状

7.1.1.1　典型修复技术

焦化污染场地典型修复技术见表 7-1。

表 7-1　焦化污染场地典型修复技术概况

序号	名称	适用性	原理	修复周期和参考成本	成熟程度
1	异位化学氧化 / 还原技术	适用于污染土壤。化学氧化可处理石油烃、BTEX（苯、甲苯、乙苯、二甲苯）、酚类、甲基叔丁基醚、含氯有机溶剂、多环芳烃、农药等大部分有机物；化学还原可处理重金属（如六价铬）、氯代有机物等。 异位化学氧化不适用于重金属污染土壤的修复；异位化学还原不适用于石油烃污染物的处理	向污染土壤添加氧化剂或还原剂，通过氧化或还原作用，使土壤中的污染物转化为无毒或毒性相对较小的物质。常见的氧化剂包括高锰酸盐、过氧化氢、芬顿试剂、过硫酸盐和臭氧。常见的还原剂包括硫化氢、连二亚硫酸钠、亚硫酸氢钠、硫酸亚铁、多硫化钙、二价铁、零价铁等	处理周期较短，一般为数周到数月。 国外处理成本为 200～600 美元 /m^3。 国内处理成本一般为 500～1 500 元 /m^3	国外已经形成较完善的技术体系，应用广泛。 国内发展较快，已有工程应用
2	异位热脱附技术	适用于污染土壤。可处理挥发性、半挥发性有机物和汞。 不适用于无机物污染土壤及腐蚀性有机物、活性氧化剂、还原剂含量高的土壤	将污染土壤加热至目标污染物的沸点以上，通过控制系统温度和物料停留时间，有选择地促使污染物气化挥发，使目标污染物与土壤颗粒分离	处理周期为几周到几年。 国外小型场地（2 万 t 以下，约 26 800 m^3）处理成本为 100～300 美元 /m^3。大型场地处理成本约为 50 美元 /m^3。 国内处理成本为 600～2 000 元 /t	国内外均广泛使用
3	水泥窑协同处置技术	适用于污染土壤。可处理有机物和重金属。 不适用于汞、砷、铅等重金属污染较重的土壤	利用水泥回转窑内的高温、气体长时间停留、热容量大、热稳定性好、碱性环境、无废渣排放等特点，在生产水泥熟料的同时，焚烧固化处理污染土壤	处理周期与水泥生产线生产能力及土壤添加量相关，添加量一般低于水泥熟料产量的 4%。 国内处理成本为 800～1 000 元 /m^3	国外广泛应用于危险废物处理。 国内污染土壤处理工程应用广泛

续表

序号	名称	适用性	原理	修复周期和参考成本	成熟程度
4	原位化学氧化/还原技术	适用于污染土壤和地下水。化学氧化可处理石油烃、BTEX（苯、甲苯、乙苯、二甲苯）、酚类、甲基叔丁基醚、含氯有机溶剂、多环芳烃、农药等大部分有机物；化学还原可处理重金属（如六价铬）、氯代有机物等。 受腐殖酸含量、还原性金属含量、土壤渗透性、pH 变化影响较大	向土壤或地下水的污染区域注入氧化剂或还原剂，通过氧化或还原作用，使土壤或地下水中的污染物转化为无毒或毒性较小的物质。常见的氧化剂包括高锰酸盐、过氧化氢、芬顿试剂、过硫酸盐和臭氧。常见的还原剂包括硫化氢、连二亚硫酸钠、亚硫酸氢钠、硫酸亚铁、多硫化钙、二价铁、零价铁等	处理周期一般为 3～24 月，使用该技术修复地下水污染羽流区需要更长时间。 美国修复地下水处理成本约为 123 美元 /m^3	国外已经形成较完善的技术体系，应用广泛。 国内发展较快，已有工程应用
5	多相抽提技术	适用于污染土壤和地下水。可处理易挥发、易流动的 NAPL。 不适用于渗透性差或地下水位变动较大的场地	通过真空提取手段，抽取地下污染区域的土壤气体、地下水和浮油等到地面，进行相分离及处理	处理周期一般为 1～24 月。 国外地下水处理成本约为 35 美元 /m^3。 国内 NAPL 处理成本约为 400 元 /kg	国外技术成熟，应用广泛。 国内已有工程应用
6	地下水抽出处理技术	适用于污染地下水。可处理多种污染物。 不适用于吸附力较强的污染物，以及渗透性较差或存在 NAPL 的含水层	根据地下水污染范围，在污染场地布设一定数量的抽水井，通过水泵和水井将污染地下水抽取至地面进行处理	处理周期一般较长。 美国处理成本为 15～215 美元 /m^3	国外已经形成较完善的技术体系，应用广泛。 国内已有工程应用

7.1.1.2　新型修复技术

（1）发明新的修复材料或对已有修复材料的新型改性

目前，纳米及其改性材料的研究较为火热。研究发现，通过增加纳米铁的磁力分离时间，水体中重金属 Pb（Ⅱ）去除效率得到升高，表明纳米铁的磁性也是重金属去除机理之一（重金属去除机理主要取决于重金属的标准电位，通常包括吸附、还原和沉淀，或两种作用机理同时存在）；一种纳米颗粒负载两性脂类物质二肉豆蔻酰磷脂酰胆碱的脂双层材料被认为是一种具有应用于原位土壤修复潜力的新材料，能高效吸附苯并 [*a*] 芘（BaP）；纳米颗粒物（特别是纳米铁颗粒）对土壤中微生物降解有机污染物有显著的促进作用；纳米微生物修复的概念（Nano-bioremediation，NBR）也被提出，结合了磁性纳米颗粒尺寸小、比表面积大、反应活性高的优点，具有磁学性质和环境生物技术的效率高、无二次污染、成本低的特点，有很好的应用前景。

（2）已有修复技术组合联用

目前，应用单一方法修复污染物已不是首选思路，面对焦化厂等污染物复杂的场地修复的市场需求，复合修复技术的研究应运而生。①生物修复技术采用菌群而非单一菌株——突破了现有的仅针对单一污染物质的研究模式，且以菌群为研究对象较单一菌株稳定性更高，适应力更强，更贴近实际复杂的环境问题；从分子水平对复合污染情况下菌群功能多样性与丰度进行研究，为实际复合污染场地的生物修复提供重要的指导。②植物 - 微生物联合修复污染土壤被认为是最具潜力的生物修复技术之一，因其高效、安全、环境友好、低成本等优点而获得广泛认可。比如苜蓿 + 菌处理焦化场地污染土壤中 PAHs，高羊茅与秸秆 - 污泥 - 复合菌多种废弃物联合对铬污染土壤进行修复。③表面活性剂与真菌联合修复技术也是一种值得推荐的技术。比如表面活性剂 Tween 80 和 HPCD 与新型菌种可可毛色二孢菌（*Lasiodiplodia theobromae*）联合使用，对焦化场地污染土壤 PAHs 进行修复，与未使用表面活性剂相比，PAHs 降解率提高 20%。④化学修复技术淋洗剂同氧化剂混合，而非单一氧化技术或淋洗技术修复，如 Fe^{2+}- 柠檬酸和过硫酸钠复合试剂对 BaP 的降解率（80%）优于单独用过硫酸钠（7%）。⑤化学氧化和电动联合技术，两种技术的组合方式对多环芳烃的去除率均优于单一技术。比如 EDTA 淋洗同纳米羟基磷灰石钝化联合对重金属污染土壤进行修复，土壤重金属总环境风险削减率可达 74.12%，尤其是铅和锌，可通过此淋洗 / 钝化联合修复，大幅提高环境风险的削减率；磷灰石与黑麦联合修复 Cu，适用于偏酸性重金属污染土壤的修复。

7.1.1.3 国际修复技术

国际修复技术详见表 7-2。

表 7-2 焦化污染场地国际修复技术概况

序号	国家	修复技术	说明
1	美国	PRB 技术（Permeable Reactive Barriers Technology） 地下水修复技术运用较多的是原位修复技术抽取处理法和监测式自然衰减法	最早的污染场地修复方式主要为土壤处理（treatment）、现场填埋（on-site containment）、离场废弃（off-site disposal）以及场地控制（IC）等，随着科技的进步，美国场地修复案例中，这些传统的修复技术逐步为日趋完善的原位修复技术和异位技术所取代
2	瑞典	水下受焦油污染的沉积物修复，新材料研发	由于其非常松散，使得修复具有挑战性。Susanne C. Rostmark 等将一种聚氯乙烯软管携带热介质水平放置在沉沙中，成功应用于焦化厂的原料生产中，既避免了运输沉淀，又减少了煤炭的使用，具有双重成本效益。表明冻干疏浚技术可以促进沉水受焦油污染沉积物的清除、储存和有益的再利用。这种材料值得我们去尝试应用，同时，我们还应对类似材料进行深入研究，以发现更多新型功能性材料
3	捷克	奥斯特拉瓦市焦化厂土壤修复——蒸汽法	由于要保护该区域道路及历史建筑的结构，很大一部分污染土壤无法通过采掘和土壤处理进行修复。该研究区内焦油的体积为 527 m^3，厚度为 0.30～1.10 m，地下水受多环芳烃、酚类、AHS、NES、铵离子和 CN 污染，测量约 6 hm^2，土壤空气也被苯污染。研究人员提出蒸汽法，成功解决此问题，拓宽了土壤修复的领域
4	德国	鲁尔工业区在土壤修复过程中采取了换土法、隔离法、微生物技术、气相抽提技术等	其中，隔离法根据实际情况，选择了不同的隔离方式：对于污染严重且已下渗导致地下水污染的焦化厂地块，选择将污染集中，铺置使用寿命长的特殊塑料膜，以阻止污染物进一步扩散；为阻止被污染地下水向周边地表河流扩散，可建筑隔离墙。此外，为避免污染土壤暴露对人体造成危害，也有铺置保护层的方案实施
5	英国伦敦	奥运园区曾是化工厂等重污染企业的旧工业区，修复过程中，对污染土壤按污染类别和污染程度进行了分类，分别采用了淋洗技术、生物降解技术、化学稳定化处理技术进行修复	修复后的达标土壤再次投入工程建设中，体现了节约成本与资源的思路。后期又在开挖场地表面覆盖分隔层，以防对清洁土层的污染。此外，对污染地下水用化学氧化、双相抽提等原位修复技术进行了修复。整个项目形成了以原位修复为主的多层次修复模式，并实现了资源利用最大化

7.1.2　修复技术应用中存在的问题

污染土壤单一修复技术都有一定的局限性，有各自的适用范围。为了实现对存在多种污染物土壤的修复，在实际应用中通常采用复合方式进行修复，协同两种或两种以上的修复方法，形成联合修复技术。但是联合技术的使用也存在弊端，以化学－生物联合修复法为例，在原位化学氧化－微生物降解联合修复时，添加的氧化剂及进行的氧化反应所生成的中间产物可能会抑制微生物酶的活性，不利于微生物的降解。微生物修复过程中，厌氧修复动力学过程及其中间产物的毒性可能会影响化学修复中的氧化还原反应。反之，氧化还原反应也可能会影响微生物在缺氧与厌氧条件下降解有机物的电子受体及其碳源。在原位化学还原－超积累植物富集联合修复时，所添加的还原剂可能会对修复植物产生伤害，抑制植物本身的修复功能，反应所需要的 pH、温度、湿度也可能与植物能正常生长的条件不太一致。土壤的渗透性、匀质性及其地下水位可能不太适合化学药剂的添加及其相关的化学反应、植物的正常生长和微生物的共代谢等。因此，在选择修复技术前，首先应该进行地理勘察、实验室内的平衡试验以及小规模的现场应用试验，确定土壤中污染物浓度及其种类、地下水位、土壤渗透性、土壤匀质性、pH、碱度、拟选修复植物的生理特性、相关条件下微生物的代谢情况及其酶的活性等，尽可能地兼顾化学修复与生物修复有关条件，从而有效、经济、安全地对复合污染土壤进行治理修复。因此，污染土壤修复技术的改良、新技术和新材料的研发显得至关重要。

7.2　风险管控技术的应用

7.2.1　应用现状

基于污染物被永久去除的环境质量目标，实施城市再开发污染场地治理修复，不但可达性难度大，且耗资大，对周边环境影响大。采取基于风险管控的修复目标已成为一种科学合理的实践模式。结合焦化企业全国分布及污染场地污染物特征，分析相关案例，总结焦化污染场地风险管控技术特征。

7.2.1.1　工程控制技术

工程控制技术是指通过各种工程技术方法，限制污染物的迁移，切断污染源与受体之间的暴露途径，以达到降低污染风险和保护受体安全目的的污染物阻隔系统。常用的工程控制措施有水平阻隔、垂直阻隔等方式（表 7-3）。

表 7-3 工程控制技术概况

序号	技术名称	原理及应用
1	泥浆墙（slurry wall）	通过在开挖的沟渠中回填低渗透率的材料，如黏土、膨润土、水泥、粉煤灰等，形成不透水的墙体，安装在场地特定位置，以阻隔污染物的迁移
2	灌浆墙（grouting wall）	通过喷灌的方式在不透水地质结构或人造结构上形成完整的不透水层
3	板桩墙（sheet pile wall）	将预制板材插入地下至隔水层或基岩，以实现阻隔污染物的目的。 具有安装迅速、无须开挖、场地适应性强、抗化学腐蚀、施工过程中不易造成二次污染且环境足迹小等优点，在我国土壤污染风险管控中有比较广阔的应用前景
4	土壤原位搅拌（soil mixing）	将土壤固化剂与土壤进行搅拌，成为不透水的隔离带。 美国已经开始采用泥浆墙土壤原位搅拌搭配板桩墙的联合方法来控制土壤地下水中污染物的迁移，并且开发出了相关专利技术。该专利提供了一种专用设备，能够在泥浆墙 - 土壤原位搅拌过程中安装板桩墙，以提高系统的阻隔效率
5	土工膜（geomembranes）	通过在特定区域铺设低渗透率的材料膜或布来阻隔污染物
6	衬层（liners）	
7	渗透性反应墙（Permeable Reactive Barrier，PRB）	在地下填充反应性填料，以截获污染羽流，并通过反应的方式将污染物转化为可以接受的形态，达到阻隔污染的目的。 适用于污染地下水，可处理苯系物、石油烃、氯代烃、金属、非金属和放射物质等。处理周期一般为数年。国外应用较为广泛（2005—2008 年有 8 个美国超级基金项目使用该技术，处理成本为 1.5～37 美元 /m^3）。国内处于中试和小试阶段

7.2.1.2 被动修复 - 减缓技术

被动修复 - 减缓技术近年来得到了迅速的发展，为污染场地的风险管控提供了许多修复治理的替代方案。被动修复 - 减缓技术主要包括：①监测自然衰减技术（Monitored Natural Attenuation，MNA）；②增强型监测自然衰减技术（Enhanced Monitored Natural Attenuation，EMNA）。

监测自然衰减技术是一种基于对场地深度了解的治理方式，利用场地内自然发生的污染降解过程，达到降低场地内污染物暴露风险的目的。适用于污染地下水，可处理苯系物、石油烃、多环芳烃、氯代烃、金属、非金属和含氧阴离子等。处理周期一般为数年或更长时间，国外应用较为广泛（2005—2008 年美国涉及该技术的地下水修复项目有 100 余项，处理成本为 14 万～44 万美元 / 项目)。国内无完成应用工程。

增强型监测自然衰减技术是指通过人工干预的方式增强污染物的自然降解效率。人工干预主要包括：①通过水利操纵的方式降低污染羽流的平流迁移；②通过污染源的阻隔降低自然降解的负载；③通过气压泵提高自然衰减的效率。

7.2.1.3　制度控制

制度控制是指采用非工程的措施，如行政管理或者法律法规的控制来削减人类暴露于污染物中的风险并确保污染场地治理的完整性。制度控制的措施通常与各类风险管控措施搭配进行。例如，采用污染场地工程控制中的帽封措施，场地治理完成后则需要搭配场地未来挖掘许可制度来保证帽封措施的长期有效性。此外，制度控制措施能够为污染严重、修复困难、风险级别高等需要长期治理或管控的场地提供跟踪管理的保障。美国国家环境保护局将制度控制归纳为四个组成部分：①所有权控制 (Proprietary Controls)；②政策控制 (Governmental Controls)；③强制与许可控制 (Enforcement and Permit Tools with IC Components)；④信息工具 (Information Devices) (US EPA，2001)。此外，美国国家环境保护局还应用制度控制跟踪系统 (Institutional Control Tracking System，ICTS) 来确定污染场地治理的优先顺序，以及选择何种跟进的治理措施。国外的实践经验表明，在污染场地全生命周期中整合制度控制的措施可以有效地提高污染场地的管理水平，以达到更好的治理效果。

7.2.2　风险管控技术应用存在的问题

风险管控技术如同任何其他污染场地治理技术方法一样，存在一定的局限性。本书按风险管控技术的类别，分别讨论各类技术方法的缺点。工程控制技术存在无法清除污染源、工程设计和施工要求高、存在失效风险、依赖长期监测等缺点；被动修复 - 减缓技术存在应用局限性，只适用于特定场地和特定污染物的治理；长期监测同样需要与其他风险管控技术配套，才能达到场地治理的目的；作为风险管控而被广泛应用于各类污染场地的治理，制度控制存在时效性的问题，如政策和法规需要根据场地区域实际情况的变化进行不断更新，以保证制度控制的长期有效性。制度控制同样存在无法清除污染物的问题；长期监测则对场地文件数据的长期管理和有效性甄别提出了严格要求。由于单个管控技术特有的局限性，任何一种技术方法的独立应用均很难达到场地污染防治的目标。因此，对结合多种技术方法的污染场地风险管控提出了要求。

7.3 集成技术推广应用存在的问题

7.3.1 集成技术推广应用的体制

7.3.1.1 法律制度体系不健全

我国目前技术推广体系和相关制度不完善，缺乏专门促进环保技术及土壤修复技术推广应用的法律法规，无法保障土壤修复技术推广的市场化。我国从 1993 年开始，出台相关技术推广方面的法律，如《中华人民共和国科学技术进步法》《中华人民共和国农业技术推广法》《中华人民共和国促进科技成果转化法》。这些法律的出台为科技成果的转化推广提供了纲领性文件。党的十八大以来，围绕促进科技成果转移、转化，我国完成了成果转化法的修订，并相继发布了《实施〈中华人民共和国促进科技成果转化法〉若干规定》及《促进科技成果转移转化行动方案》，形成了修订法律条款、制定配套细则、部署具体任务的“三部曲”，破解了科技成果使用权、处置权和收益权等政策障碍，明确细化了相关制度和具体措施。

这些促进科技成果转化的法规、政策、奖励措施为环保产业发展及技术推广提供了支持，但这些政策法规缺乏预算监督、责任追究等保障机制，仍然存在环保技术推广中科技成果使用、处置和收益权分配等政策障碍，相关制度、具体操作规范和保障措施不够细化；缺乏技术推广后效果评估体系，使得技术市场混乱，优不胜、劣不汰；国家层面的法规政策应该起到引导作用，地方层面应该依据国家层面的法规政策并按照地方特色制定相应的法规政策和落实措施。但目前尚缺乏更细化、更有地方特色的地方层面法规政策，只有部分省（区、市）有相关落实，存在各省（区、市）法规政策不平衡问题。同时，我国目前尚没有较完善的推广体系，技术推广方面政府机构偏于技术评估，缺乏技术推广的支持政策和相关配套政策，没有形成环保技术推广的良好政策环境和监督保障。

7.3.1.2 环保技术推广管理体制不够健全

我国的环保推广管理体制没有统一的标准，一般情况下，依靠地方科研机构进行管理。这种行政管理方式不仅使推广责任无法落实到各部门，还使环保推广的技术指导无法及时有效地普及众多污染场地的修复中，严重阻碍了环保推广工作的开展。

长期以来，技术成果的推广转化主要是以政府行政手段来进行的。政府部门要么以行政管理方式下达文件，强制推行某些技术，要么指定一些事业单位、建立一些专门性的技术成果推广单位，以行政方式推广政府部门认可的某些技术，要么给技术使用单位经济上的支持，以推广某项技术。但是，目前社会经济活动的大趋势是生产社会化、服务专业化、运作市场化，传统的技术成果推广转化方式受到了严峻挑战，无法适应当前环保产业技术成果的推广转化。因此，政府部门应逐步将技术成果的推广转化为一种社会化的市场行为和技术服务行为。技术推广转化服务中介机构的兴起，为技术成果推广由行政化方式向社会化方式发展提供了良好开端和基础。从总体上看，科技成果推广转化的社会化、服务体系的建立和完善等方面，与实际的需要还存在很大距离。主要的原因是我国的技术推广中介机构尚未成熟，缺少规模化、专业化的技术推广平台或民间组织。已有的平台存在交叉重叠、管理不规范、服务体系不健全等问题，大多停留在信息发布、技术展示、宣传层面，而且平台展示的技术信息参差不齐，技术数目繁杂，服务水平不高，实际落地少且难。技术推广服务机构与研发机构及高校联系不够紧密，对技术了解不透彻，不能承担技术直接推广工作，无法推动科研与产业紧密结合，使得信息沟通不畅，技术推广效果不佳。

7.3.2　集成技术推广应用的机制

土壤治理修复和风险管控集成技术推广应用的机制是保证技术推广运行需要的各种功能的有机组合，主要包括技术支撑机制、融资机制、技术成果转化机制、技术对接机制、风险保障机制五个主要机制。每个机制都健康运行是土壤治理修复和风险管控集成技术推广发展的必要条件。

7.3.2.1　技术支撑机制——污染土壤修复技术、材料及设备研究滞后

从 20 世纪 80 年代起，我国科研工作者就关注各类土壤污染状况，涉足大量基础性工作。在全面铺开土壤修复产业后，对土壤修复技术的钻研探索便成为这一阶段的主要内容。经过多年的实践，在土壤修复技术方面取得长足的进步，但在技术应用方面仍不够多样化。国外污染土壤修复已有近 50 年的发展历史，具有较为成熟的修复工艺、配套的修复材料以及成套的修复设备，而我国污染土壤修复行业在修复装备的研发、设计、制造等核心领域还存在诸多短板，与国外技术水平相差较大，直接影响整个修复工程的时效性和成本。最典型的就是广泛适用于重金属污染场地修复的固化 / 稳定化技术。该技术存在修复材料和装备缺乏的问题，目前以国外修复材料和装备为主。倡导的原位修复技术工艺缺乏，目前还是以异位稳定化修

复为主。有的修复技术能耗、成本较高，如加热技术；也存在推广困难的问题。一项修复技术，不管过程和产品多么绿色，如果在经济上没有竞争力，无法实现产业化，就不能称为真正的绿色技术。因此，必须通过创新，解决相关科学和技术难题，开发高效绿色、经济合理的修复技术，真正推动修复产业的发展。

7.3.2.2 融资机制——技术推广应用资金投入不足

技术的推广应用，尤其是场地修复技术的推广应用是一项成本高、周期长、难度大的工作，落实这项工作需要有充足的经费。例如，江铜贵冶周边区域九牛岗土壤修复示范项目，虽取得了阶段性成效，但也存在一些问题。由于修复面积大，时间长，要实现更高层次的目标，还需要投入大量资金。目前，各省（区、市）没有设立国家重点环境保护实用技术专项推广资金来支持先进环保技术的推广。另外，从每年污染防治专项资金拨付情况来看，土壤修复资金占污染防治资金（大气、水、土壤）的比重不超过 9%。据统计，我国每年的绿色投资需求将达到 2 万亿至 4 万亿元，但每年的财政投入只有 3 000 亿元，仅占总投入的 15% 左右，其他 85% 以上的绿色投资都需要来自社会资本，而第三方社会资本缺少对场地修复技术推广投资的积极性，使技术推广存在融资困难的问题。

2000 年以来，国家发布《当前国家鼓励发展的环保产业设备（产品）目录》《国家重点行业清洁生产技术导向目录》等环保相关技术目录，涵盖了环境保护的多个方面，包括污染治理、生态修复、清洁生产、节能节水等。国家各部委发布的 13 项环保相关的技术目录中，有 11 项侧重于引导先进技术 / 装备推广和示范，所占比例高达 84%。其中，8 项侧重于引导先进技术 / 装备的推广，3 项还兼具引导技术示范的功能。目前，技术目录是政府对技术进行推广的主要方式。通过对国家各部委发布的环保技术目录的调研发现，有实质性经济支持和配套推广政策支持的目录生命力更强。而目前我国技术推广目录存在涉及部委多、侧重点不同的问题，各部委之间的目录存在交叉和不统一性；多数技术目录存在技术涵盖范围广、不够具体的问题，应该更多设计专项目录，并制定相应的落实配套措施；技术目录多停留在表面，配套财政支持力度不够，现有的 13 项环保相关的技术目录中，仅有 6 项配套有实质性的经济支持，所占比例不到一半，导致很多技术目录可持续性不强。

7.3.2.3 技术成果转化转移机制——产学研体系滞后

正如中国科学院院士王天然所言，我国的科技成果正面临着严重的无奈与尴尬：至少有八成的成果没有转化，只是被装在评职称的口袋中，锁在装档案的保险柜子里。产学研相结合的技术体系建设严重滞后，企业缺乏信息、专门知识和技能、培训、资源，并且无法进入以研究任务和高端技术为重点的大学、国家实验室和技术中心，使得污染场地修复技术的研发与当前企业所需求的修复技术存在显著差异，研发出来的修复技术没有市场，大量的成果只能停留在实验室，推广应用效率低下。场地修复技术研发单位在进行技术研发初期，主要考虑的是技术的创新性和是否在该领域的前沿，没有与市场需求和推广应用相结合，没有以企业为主体进行技术创新性研究，脱离了市场，造成研发的技术实用性和适应性差，无法大范围推广。

7.3.2.4　技术对接机制——推广机构和人员能力有限

目前，我国的污染场地修复技术推广机构只起到了修复技术对接的作用，缺少对污染场地修复技术的有效性评价，且技术推广服务的人员缺乏技术性和专业性的推广能力。同时，缺少技术推广考核制度和奖惩机制，使技术推广人员缺少技术推广的评价体系和推广动力。而发达国家的技术推广机构提供一系列服务，包括资料、基准测试和评估、技术援助或咨询、培训、研发实施合作项目、战略发展、训练和指导等服务。比如美国的 MEP 中心，其建立是为了转移联邦政府资助的最先进技术，后来，他们开始在业务服务、质量体系、制造系统、信息技术、人力资源、工程和产品开发等方面，提供符合州和地方条件的推广服务，并且会聘用具备技术和业务经验的高素质员工，与企业建立技术交流关系，从而进行新技术的推广。

7.3.2.5　风险保障机制——资金单一，缺乏风险补偿

虽然我国财政、货币政策鼓励企业进行技术创新，但对商业银行、金融机构和财政支持创新的微观引导力度不够。场地修复技术投资大、风险高、见效慢，在缺乏风险补偿机制、税收优惠政策等相关配套政策扶持的情况下，投资机构不愿意承担修复技术推广应用的风险，缺乏支持技术推广应用的积极性和主动性。

参考文献

[1] 杨勇，黄海 . 北京某焦化企业场地污染修复案例简析 [J]. 世界环境，2016(4)：65-66.

[2] 李雪，杨俊杰 . 工业污染场地修复技术、现状及展望 [J]. 河南科技，2019(16)1：3.

[3] 中华人民共和国生态环境部 . 关于发布 2014 年污染场地修复技术目录（第一批）

的公告 [EB/OL]. 北京：中华人民共和国生态环境部，2014-10-30[2022-10-26]. https://www.mee.gov.cn/gkml/hbb/bgg/201411/t20141105_291150.htm.

[4] 刘长波 . 热脱附技术处置焦化场地污染土壤实验研究 [A]// 中国环境科学学会 . 2017 中国环境科学学会科学与技术年会论文集（第二卷）[C]. 中国环境科学学会，2017：7.

[5] 姜林，钟茂生，贾晓洋，等 . 基于地下水暴露途径的健康风险评价及修复案例研究 [J]. 环境科学，2012，33(10)：3329-3335.

[6] 李炳智，朱江，吉敏，等 . 蒸汽强化气相抽提修复苯系物污染黏性土壤 [J]. 上海交通大学学报（农业科学版），2016，34(5)：58-67，75.

[7] 林宁 . 化学氧化对污染水氰化物的去除试验研究 [J]. 现代盐化工，2018，45(2)：77-78，93.

[8] 杨勇，张蒋维，陈恺，等 . 化学氧化法治理焦化厂 PAHs 污染土壤 [J]. 环境工程学报，2016，10(1)：427-431.

[9] 黎舒雯，陆敏，刘敏，等 . 化学氧化剂对多环芳烃污染土壤的修复效果研究 [J]. 山东农业大学学报（自然科学版），2016，47(3)：378-382.

[10] 张羽，高春阳，陈昌照，等 . 零价铁活化过硫酸钠体系降解污染土壤中的多环芳烃 [J]. 环境工程学报，2019，13(4)：955-962.

[11] 施维林，沈秋悦，王儒，等 . 不同化学氧化剂对多环芳烃污染土壤修复效果研究 [J]. 苏州科技大学学报（自然科学版），2017，34(1)：61-66.

[12] 赵丹，廖晓勇，阎秀兰，等 . 不同化学氧化剂对焦化污染场地多环芳烃的修复效果 [J]. 环境科学，2011，32(3)：857-863.

[13] 朱铭桥，黄华山，苑宝玲，等 . 液体高铁酸钠同时去除电镀废水中氰化物和重金属 [J]. 环境工程学报，2017，11(3)：1540-1544.

[14] 陈瑶 . 我国生态修复的现状及国外生态修复的启示 [J]. 生态经济，2016，32(10)：183-188，192.

[15] 林雅洁 . 美国污染场地 PRB 修复案例分析 [A]//《环境工程》编委会、工业建筑杂志社有限公司 .《环境工程》2019 年全国学术年会论文集 [C].《环境工程》编委会、工业建筑杂志社有限公司:《环境工程》编辑部，2019：3.

[16] Susanne C Rostmark, Manuel Colombo, Sven Knutsson, et al. Removal and Re-use of Tar-contaminated Sediment by Freeze-dredging at a Coking Plant Luleå, Sweden[J]. Water Environment Research, 2016, 88(9).

[17] Tomáš Kempa, Marian Marschalko, Işık Yilmaz, et al. In-situ Remediation of the

Contaminated Soils in Ostrava City (Czech Republic) by Steam Curing/vapor[J]. Engineering Geology, 2013: 154.

[18] 温丹丹，解洲胜，鹿腾 . 国外工业污染场地土壤修复治理与再利用——以德国鲁尔区为例 [J]. 中国国土资源经济，2018，31(5)：52-58.

[19] 龙涛 . 基于风险管控的污染地块修复模式概述 [J]. 环境保护科学，2016，42(4)：36-39.

[20] 黄园英，王倩，刘斯文，等 . 纳米铁快速去除地下水中多种重金属研究 [J]. 生态环境学报，2014，23(5)：847-852.

[21] 钟宇驰 . 城市周边工业区土壤多环芳烃源汇机制及修复技术 [D]. 杭州：浙江大学，2017.

[22] 郑丹阳，孙寓姣，赵晓辉，等 . 磁性纳米颗粒在环境生物技术领域的应用 [J]. 环境科学与技术，2017，40(2)：70-75.

[23] 汤军芝，冯天才，刘世友，等 . 菌群降解菲和氧化三价砷的双功能验证 [J]. 华东理工大学学报（自然科学版），2013，39(4)：450-456.

[24] 刘鑫，黄兴如，张晓霞，等 . 高浓度多环芳烃污染土壤的微生物 - 植物联合修复技术研究 [J]. 南京农业大学学报，2017，40(4)：632-640.

[25] 刘帅霞，孙哲，曹瑞雪 . 废弃物联合高羊茅修复铬污染土壤中试实验 [J]. 河南工程学院学报（自然科学版），2018，30(4)：31-37.

[26] 张志远，王翠苹，刘海滨，等 . 可可毛色二孢菌对焦化厂土壤多环芳烃污染修复 [J]. 环境科学，2012，33(8)：2832-2839.

[27] 雷炅林，宋金秋 . 土壤中重金属和多环芳烃复合污染修复方法研究 [J]. 环境科学与管理，2019，44(3)：104-107.

[28] 张海欧，郭书海，李凤梅，等 . 焦化场地 PAHs 污染土壤的电动 - 化学氧化联合修复 [J]. 农业环境科学学报，2014，33(10)：1904-1911.

[29] 滕应 . 多环芳烃和重金属污染场地土壤的环糊精 - 微生物连续修复研究 [A]// 中国环境科学学会 . 2013 中国环境科学学会学术年会论文集（第五卷）[C]. 中国环境科学学会，2013：7.

[30] 徐宏婷，仓龙，宋岳 . 电动 - 氧化修复条件对土壤中多环芳烃和重金属去除的影响探索 [J]. 环境污染与防治，2019，41(1)：10-15，22.

[31] 王明新，王彩彩，张金永，等 . EDTA/ 纳米羟基磷灰石联合修复重金属污染土壤 [J]. 环境工程学报，2019，13(2)：396-405.

[32] 杜志敏，郭雪白，甄静，等 . 磷灰石联合黑麦修复铜污染土壤研究 [J]. 土壤，

2019, 51(2): 330-337.

[33] 邓佑，阳小成，尹华军 . 化学 - 生物联合技术对重金属 - 有机物复合污染土壤的修复研究 [J]. 安徽农业科学，2010，38(4)：1940-1942.

[34] 赵文喜，张建军，桑换新 . 我国环保科技成果转化和推广的创新思考 [J]. 环境保护，2015，43(Z1)：71-73.

[35] 胥树凡 . 引导和推进环保技术推广转化工作实现社会化 [J]. 中国环保产业，2001，2：18-19.

[36] 冶华 . 土壤污染治理新生力：69 家土壤修复企业名单及核心技术一览 [EB/OL]. http://www.solidwaste.com.cn/news/261356.html, 2017.

[37] 中国社会科学网，中国社会科学报 . 运用PPP模式推动环境治理体系多元化 [EB/OL]. http://www.sohu.com/a/220741111_99958743, 2018.

[38] Shapira P, Youtie J, Kay L.Building Capabilities for Innovation in SMEs: A Cross-country Comparison of Technology Extension Policies and Programmes[J]. International Journal of Innovation and Regional Development, 2011, 3(3/4): 254–272.

第 8 章　环境技术验证评价体系构建及案例研究

环境技术验证评价（Environmental Technology Verification，ETV）是指受政府、环境技术开发者（所有者）、技术使用者或其他相关方的委托，依据国家相关法规和标准，根据《环境保护技术验证评价　通则》（以下简称《验证通则》）、《环境保护技术验证评价　测试通用规范》（以下简称《测试通用规范》）的要求，综合运用分析测试、数理统计以及专家辅助评价等方法，对所委托环境技术的环境保护效果、环境影响以及从其他环境观点出发的重要性能进行科学、客观、公正的测试、分析与评价的活动。

环境技术验证评价最早在欧美国家兴起和发展，随后进入我国。本章概述其在国外和国内的发展历程。

8.1　国外环境技术验证评价发展概况

环境技术验证评价最早是美国为实现环境技术的商业化推广而提出的。1995 年，美国国家环境保护局与地方政府、联邦机构联合建立了环境技术验证体系。1995—2001 年，进行了 ETV 试点，并取得了较好的效果。2001 年起，组建 6 个验证中心，由美国国家环境保护局直接管理，开始正式运行 ETV 制度。到 2010 年，基本开展了全部环境技术领域内共 443 项技术的验证评价。加拿大借鉴美国在 ETV 制度上的运作经验，也建立了相应的环境技术验证体系。加拿大 ETV 工作由加拿大联邦政府环境部和工业部牵头，主要由环境部负责，由加拿大环境技术促进中心（民间组织）具体操作。2008 年，美国、加拿大等国联合设立了 ETV 国际工作小组（International Working Group，IWG-ETV），致力于推进 ETV 国际标准化，推动 ETV 的国际互认工作。这一举措赢得了中国、日本、韩国等众多国家及欧盟的认可，也促进了 ETV 制度的发展。日本累计开展了 9 个技术类别、323 项技术的验证评价；韩国 ETV 管理机构——韩国环境技术产业院的报告指出，通过技术验证评价，其商业化率高达 70.2%，远高于科技成果平均转化率。可以看出，ETV 在促进环境技术转化方面发挥了积极作用。2016 年 11 月，国际标准化组织（ISO）正式发布了 ISO 14034：2016 *Environmental management-Environmental technology verification*（ISO 14034：2016 环境管理环境技术验证），进一步推动了 ETV 的国际互认工作。

通过开展技术验证评价，可以定量地了解新技术或经改进的环保技术的真实水平，进而提高环境技术的可信度和市场竞争力，提高环境技术进入国内和国际市场的速度。美国、日本等国将该制度实施的最初 5 年确定为试点阶段，所需费用全部列入财政计划。待制度完善后，逐渐向受益者负担方向过渡，由技术持有者、政府共同分担验证评价费用。该制度的实施推动了创新技术的应用，在扩大市场方面得到了广泛认可。

通过进一步梳理和分析 ETV 的国际发展情况和发展历程，初步总结出国外 ETV 发展具有以下基本特征：

1）ETV 致力于客观评估环境新技术的性能特征，不对被评价技术进行比较和排序；

2）ETV 主要针对已市场化或准备好市场化的技术，不评估处在实验室阶段的技术；

3）ETV 实施第三方认证，认证组织从公共或民间机构中选择，具有第三方独立性；

4）ETV 通过采用试点方法扩展技术领域的范围，试点的最终目的是设计和实现一个通用的认证方法和程序；

5）针对每一个技术领域，ETV 建立唯一的认证组织机构；

6）美国、日本等国 ETV 实施初期所需费用全部列入财政计划，待制度完善后，逐渐向受益者负担方向过渡，由技术持有者、政府共同分担验证费用；

7）为树立 ETV 的权威性和加速技术的推广，逐步与环境技术许可证发放结合起来。

8.2 我国环境技术验证评价发展概况

8.2.1 不同时期的管理政策

近年来的环境管理实践表明，我国的环境技术评估体系尚不健全，评估方法不完善，科学性、公正性相对较差，对环境技术创新的支撑能力不足。此外，基础数据、中间数据严重缺失，也导致了最佳可行技术（BAT）的筛选缺乏可靠依据。因此，亟须建立科学、公正的环境技术验证评估体系，以满足流域污染治理、环境监管、环保产业发展的需求。

为适应我国市场经济条件下技术创新成果的不同需求，对科技成果的水平及其价值做出客观、科学的评价，我国制定了一系列政策，并发布了相关规范性文件。2009 年，环境保护部颁布了《国家环境保护技术评价与示范管理办法》（环发〔2009〕58 号），明确规定了我国环境技术评价制度的基本框架、评价模式。ETV 作为一种重要的评价模式，在该办法中得到了明确的概述。随后，2012 年制定的《关于加快完善环保科技标准体系的意见》（环发〔2012〕20 号）、2013 年制定的《关于发展环保服务业的指导意见》（环发〔2013〕8 号）等指导文件，重申了建立 ETV 制度的重要性。2018 年，环境保护部颁布了《关于促进生态环境科技成果转化的指导意见》（环科财函〔2018〕175 号），明确提出健全科技成果评估体系。积极推行第三方技术评估，开展环境技术评估、环境技术验证以及环境治理绩效评估等评估工作，并发布技术评估报告。筛选评估生态环境污染防治与修复和管理方面的适用技术、集成技术及综合解决方案，发布技术目录，并开展示范性推广。2020 年，生态环境部发布《关于加强生态环境技术评估工作增强技术服务能力的实施意见（征求意见稿）》（环办便函〔2020〕97 号），提出建立健全以有效解决实际环境问题为核心的技术评估工作体系，规范以 ETV 为核心的生态环境技术评估内容，促进生态环境技术评估服务规范化发展。

上述内容是国家生态环境主管部门发布的促进环境技术验证评价制度发展的相关政策性文件。与此同时，中国环境科学学会作为社会团体，受生态环境主管部门的委托，承担环境技术验证评价发展中相关技术性文件的制定和具体工作。截至目前，中国环境科学学会制定的环境技术验证评价方面的主要规范性文件包括：

①《环境保护技术验证评价实施指南》（2015 年 6 月）；

②《环境保护技术验证评价　通用规范》（T/CSES-1—2015，2015 年 9 月）；

③《环境保护技术验证评价　测试通用规范》（T/CSES-2—2015，2015 年 9 月）；

④《环境管理　环境技术验证》（GB/T 24034—2019，2019 年 12 月）；

⑤《燃煤电厂大气污染物超低排放技术验证评价规范》（T/CSES 09—2020，2020 年 10 月）。

上述文件的出台为我国初步构建一套环保技术验证体系提供了重要参考依据，包括进行技术验证的要求、技术报告内容、验证评价工作经费、验证评价机构、质量控制要求等内容。

2016 年 11 月，国际标准化组织正式发布了 *Environmental management-Environmental technology verification*（ISO 14034）后，在中国标准化研究院的统一协调组织下，中国环境科学学会联合技术验证评价联盟成员单位，组建技术验证评价国家标准起草工作组，于 2019 年发布了《环境管理　环境技术验证》（GB/T 24034—2019）。该标准的发布对完善我国环境技术管理体系有着十分重要的意义，也为环境技术验证评价国际互认提供有力保障。

2015 年，经环境保护部认可，中国环境科学学会牵头组建“环境保护技术验证联盟”，首批有 25 家学术团体、环保科研院所、监测检测机构、高校等单位加入。联盟成员单位紧密协作，向政府和社会提供优质技术评价服务。该联盟是按照社会化、市场化、专业化原则开展第三方技术验证评价项目的合作平台。联盟作为学会环境保护科技评价工作平台的有机组成部分，是整合环境评价资源、服务环保科技创新发展的重要窗口。目前已经有 30 多家会员单位，包括科研院所、高校、分析检测机构、各级环境管理部门等。在 ETV 标准框架下，依托 ETV 联盟成员单位的技术力量，我国已开展案例近 30 项，并与韩国、丹麦等国开展 ETV 联合验证，推进环境技术的国际互认。合作方在我国完成技术验证评价后，都将取得由中国环境科学学会颁发的中国环境技术验证证书，进入生态环境保护领域，并进入市场推广及工程应用新阶段，这将对增强新技术的创新活力、提升技术成果转化成效、支持打好污染防治攻坚战、推动生态环境产业健康发展起到积极的作用。

8.2.2　评价实践

我国首个环境技术验证试点项目于 2011 年在浙江富阳展开，验证的技术为水蚯蚓原位消解污泥技术。“十一五”期间，水体污染控制与治理科技重大专项专门安排课题对 ETV 制度框架、验证程序、验证规范、评价方法等进行了系统研究，编制了《环境保护技术验证评价实施细则》《环境保护技术验证评价测试规范》等文件，为验证评价的全面实施提供了技术支撑。近年来，中国环境科学学会联合技术验证评价联盟成员单位、国家环境保护工程技术中心、会员单位等，在医疗废物高温干热处理、污水防治生物处理、分散性污水处理、燃煤电厂超低排放等领域，联合开展了近 30 个技术验证评价项目，具体见表 8-1。

表 8-1　我国环境技术验证评价主要实践汇总

序号	案例名称	数量
1	中国环境科学学会与中国科学院高能物理所合作完成《医疗废物高温干热处理技术》验证评价	1 项
2	与丹麦 ETA-Danmark 公司合作，开展《牙科用水消毒技术》验证评价	1 项
3	与韩国环境产业技术研究院合作，对韩国“固体废物分拣”“污泥脱水”“自来水厂水源絮凝过滤抚州”3 项技术进行联合验证	3 项

续表

序号	案例名称	数量
4	与法国 RESCOLL 咨询公司合作，开展《室内空气净化技术》联合验证	1 项
5	中国环境科学学会与原环境保护部对外合作中心开展《水泥窑处置垃圾焚烧飞灰技术》验证项目（全球环境基金项目）	1 项
6	依托“十一五”水专项，开展了相关水处理技术的验证评价	5 项
7	863 项目的四项技术成果验证（陶瓷、水泥、活性焦），验证评价结果作为项目验收的依据之一	3 项
8	中国环境科学学会完成中国科学院北京综合研究中心研发的《废荧光灯管处理过程含汞废气低温等离子体集成处理技术》验证评价	1 项
9	依托“十二五”水专项课题，中国环境科学院与中国环境科学学会合作，开展化工、生态修复、造纸废水、废水监测等 9 项水处理技术的验证	9 项
10	辽宁省环境科学院《城镇污水处理厂蚯蚓处理污泥技术》验证评价	1 项
11	中国环境科学学会与沈阳环境科学院开展《医疗废物旋转式高温蒸汽消毒器处理技术》验证评价	1 项
12	中国环境科学学会与中国科学院北京综合研究中心开展《医疗废物环氧乙烷消毒处理技术》《医疗废物热熔固化消毒处理技术》《医疗废物焚烧烟气二噁英及汞等多污染物低温等离子体集成处理技术》验证评价	3 项
汇　总		30 项

通过上述分析可以看出，环境保护技术验证评价具有以下几个特点：

1）ETV 是一种国际化的新型技术成果评价模式，主要服务于创新技术成果的市场转化，评价对象通常为商业化或者具有商业化潜力的各类环境创新技术；

2）ETV 的核心是在一定测试周期内，测试技术在实际运行工况下的性能参数；

3）ETV 不判定技术是否合格、是否先进，不采用“国际领先、国内首创”等主观评判，而是通过公布第三方测试数据，供投资方和技术用户参考。

环境保护技术验证评价具有以下功能定位：

1）ETV 作为由国外引入国内的一项新型技术评价手段，具有很高的国际认可度，可为我国的环境新技术走向国际市场提供支持；

2）ETV 对新技术的商业化和产业化起到了支持的作用，是新技术向市场转化的桥梁，能够提高环境新技术商业化、产业化效率；

3）通过 ETV 的环境新技术也为建立相应的行业技术标准提供了有效支撑，是环境标准制定的重要参考依据；

4）ETV 可满足现阶段生态环境管理体系的技术支撑需求，为排污许可制度和最佳可行性技术的实施提供技术支持；

5）ETV 从技术层面客观评价新技术，技术应用者可参考技术参数指标，作为技术应用决策依据。

8.2.3 通用评价指标体系的构建方法

根据《环境保护技术验证评价　通用规范》（T/CSES-1—2015），环境技术验证评价指标一般分为环境效果指标、工艺运行指标和维护管理指标三类，具体的评价指标根据被评价技术对象特点确定。

《环境保护技术验证评价实施指南》中提出验证评价的主要技术内容：

1）技术的科学性、对环境法规和标准的符合性等；

2）反映污染物削减效果的性能参数（环境效果参数）；

3）反映技术特点的特征工艺参数（特征性工艺技术参数）；

4）反映原材料消耗、能耗等水平的经济参数（原辅材料消耗、能源消耗等经济参数）；

5）反映连续稳定运行的可靠性参数；

6）反映运行维护水平的管理参数（运行管理参数）。

综合上述要求，环境技术验证评价指标主要从以下三个方面进行设计：

1）环境效果指标（目标污染物达标情况或目标污染物去除率）：应根据被评价技术处理的目标污染物来选取，目标污染物包括通用性污染物和特征性污染物。

2）工艺运行指标：应根据被评价技术的具体情况确定。根据环境技术正常运行时需要控制和维持的工艺运行参数、环境技术连续稳定运行时所需要的参数等进行确定。

3）维护管理指标：包括工艺运行过程中产生的二次环境影响（包括对介质中共存物质产生的影响），去除单位污染物的原材料消耗、能耗以及运行成本，运行及维护管理性能参数等。

评价结论主要从以下三个方面得出：

1）环境效果指标的评价结果。通过实验室分析测试数据，说明在测试周期内采集的各个测试样品的分析结果，与相关污染物排放标准、污染物浓度标准相比较后，说明是否达到排放标准，或者污染物浓度标准的情况。

2）反映工艺运行参数。根据实际运行情况，如实记录和反映各项工艺运行参数的数值情况，如反应温度、反应时间、搅拌速度、工艺运行过程中的压力参数等。

3）反映维护管理方面的指标数值。通过计算后说明治理设施的处理能力，处理单位污染物的电耗、蒸汽消耗量、煤耗、水耗、燃油消耗量等实际运行参数，可统一折算为处理单位污染物的标准煤消耗量。

8.2.4　评价程序及职责分工

根据《环境保护技术验证评价　通用规范》（T/CSES-1—2015），我国环境保护技术验证评价程序可分为委托、准备、测试、评价、结果发布五个阶段，具体见图 8-1 和表 8-2。

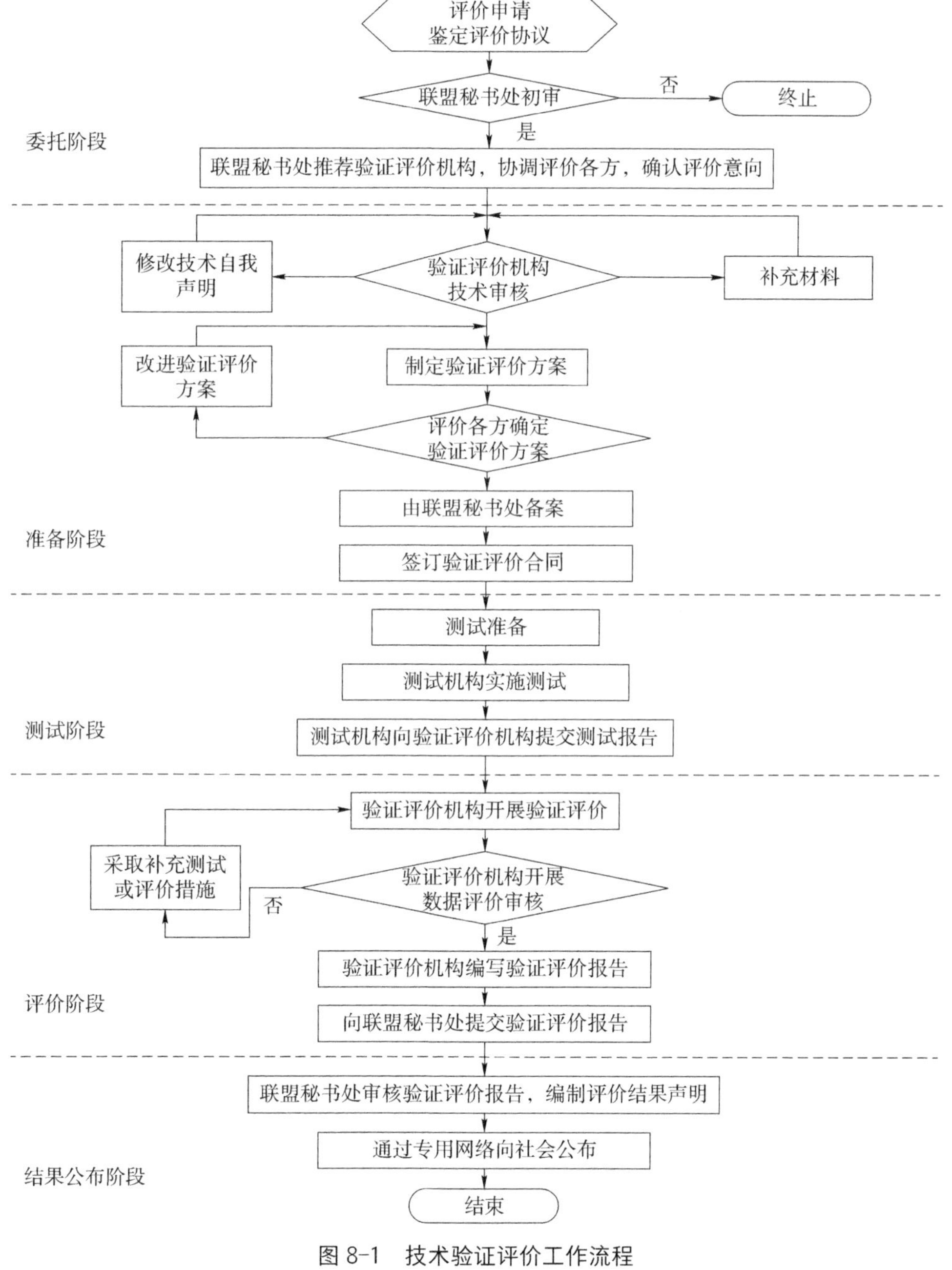

图 8-1　技术验证评价工作流程

表 8-2　技术验证评价的主要阶段及各阶段主要内容

阶段名称	主要工作内容
委托阶段	技术持有方向联盟秘书处提出评价申请，签订评价协议； 联盟秘书处判断是否接受验证的申请； 从联盟成员单位中选定验证评价机构，确认评价意向
准备阶段	验证评价机构对技术持有方提交的技术进行审核； 验证评价机构制定翔实的评价方案，评价各方确认； 联盟秘书处备案，签订技术验证评价合同
测试阶段	第三方测试机构开展测试，获得数据； 现有数据满足评价要求时，可直接评价； 测试机构向验证评价机构提交测试报告
评价阶段	验证评价机构分析技术资料和数据，得出性能分析结果，编制评价报告； 向联盟秘书处提交验证评价报告
结果发布阶段	联盟秘书处审核验证评价报告，编制评价结果声明； 在不涉及商业秘密、知识产权的前提下，通过学会网站和联盟活动发布验证结果

可以看出，技术验证评价工作开展过程中会涉及技术持有方、第三方机构、分析测试机构和技术专家组等各相关方，应承担的职责如下：

（1）技术持有方

技术持有方是新技术、新设备、新工艺验收评价的申请方，其主要职责包括：配合评价机构的评价工作，提供评价机构所需的一切资料；参与《验证评价方案》的制定，并认可《验证评价方案》；提供技术资料、验证场所资料、工艺流程图等相关资料。试验测试过程中，设施运行按正常的操作程序进行，未经验证评价机构和测试机构同意，不得对运行条件进行调整。特别是在采样期间，应保证设施处于正常运行工况条件下，如有工艺参数波动或调整，应如实提供相关书面记录；配合验证评价和测试工作，检测设备安装、耗材准备、测试场地条件准备等，为采样及样品分析提供必要支持和配合；为采样测试人员提供工作条件及必要的支持和配合；参与《测试报告》和《技术评价报告》的讨论；配合验证评价机构组织技术验证专家组会议。

（2）第三方机构

第三方机构应秉持公开、公平、公正的原则，承担下列主要职责：组织制定和审核《验证评价方案》；委托具有资质的测试机构按《验证评价方案》的要求完成采样、分析、测试等工作；负责技术验证专家组的工作，组织召开技术验证专家组会议，对验证评价计划和评价结果进行审查和讨论；参加现场测试取样、运行工艺参数的核定；分析测试数据，评价技术性能，编制《验证评价报告》；对《验证评价报告》真实性、科学性、合理性负责。

（3）分析测试机构

分析测试机构是环境技术验证评价中非常重要的参与方，其主要职责包括：按照《验证评价方案》的要求确认现场具备开展测试采样的条件后，采集和分析样品，并做好采样和分析过程记录；对测试结果进行数据分析，编制《测试报告》，并向验证评价机构和技术持有者提供加盖 CMA 和检测专用章的《测试报告》；对技术的细节及运行维护方法等重要技术内容进行保密；保证在验证测试期间无任何造假、作弊等违规行为。

（4）技术专家组

专家组作为环境技术验证评价过程中的临时团队，主要职责包括：参与《技术评价方案》的制定和讨论；参与《测试报告》和《技术评价报告》的审查与讨论；提供技术支持和其他必要的咨询服务。

8.2.5　评价结果的应用

技术验证评价成果一般包括第三方技术评价单位独立编写的环境保护技术验证评价报告、环境保护技术验证声明、中国环境科学学会颁发的中国环境技术验证证书，如图 8-2 所示。

图 8-2　中国环境技术验证证书

根据技术验证评价结果，确定环境技术是否纳入生态环境部《污染场地修复技术目录》、生态环境部《重点环保实用技术及示范工程》、发展改革委《绿色技术推广目录》、工信部《国家鼓励发展的重大环保极少数装备目录》等省部级目录。

8.2.6 典型案例分析

2015 年，中国环境科学学会联合中国科学院高能物理研究所完成了医疗废物高温干热处理技术的验证评价工作，该技术目前已经实现规模化推广应用。这个项目的顺利完成检验了技术验证评价在中国的可行性，以及《环境保护技术验证评价实施指南》的有效性和指导性。

医疗废物处理处置技术为技术验证优先领域，以医疗废物高温干热处理技术应用案例，分析医疗废物领域技术验证实施案例，包括测试参数选取、现场测试、评价方法、评价结论、成果编制等，以期为焦化污染地块修复技术验证评价研究提供一定的参考和借鉴。

（1）技术简介

医疗废物高温干热处理技术是一种新型医疗废物处理技术，属于非焚烧处理技术，其原理是将医疗废物经过高强度碾磨后，暴露在负压高温环境下并停留一定的时间。热量高效传导至待处理的医疗废物中，使其所带致病微生物发生蛋白质变性和凝固，进而死亡。同时，配备废气处理系统，对处理过程中产生的颗粒物、挥发性有机物等污染物进行控制，使医疗废物减量化、无害化，达到安全处理的目的。具体工艺流程如图 8-3 所示。

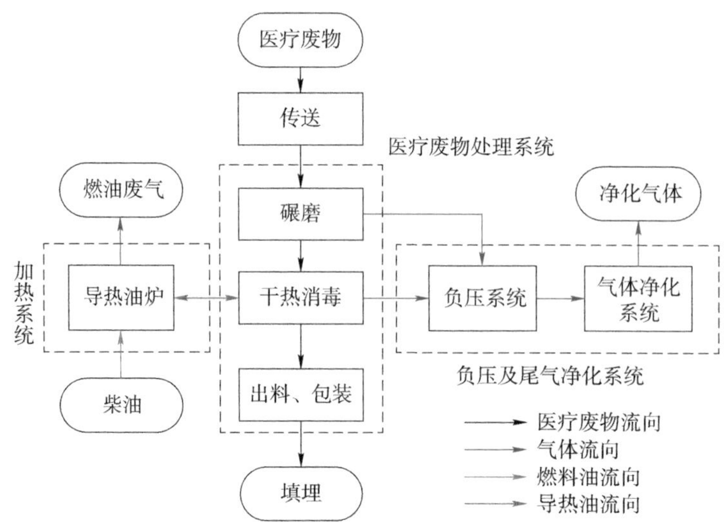

图 8-3 医疗废物高温干热处理技术工艺流程

（2）测试场所

验证评价测试选择在朝阳市医疗废物处理中心进行。该中心由欧尔东有限公司投资建设并运营，设计处理能力为 5 t/d，总投资 2 500 万元，占地面积 4 282 m^2。厂址位于朝阳市龙城区召都巴镇土城子村东山沟（里沟），紧邻朝阳市垃圾填埋场，距离朝阳市区约 12 km。厂区拥有生产车间、行政办公楼、化验室等。该医疗废物处理中心于 2014 年 1 月 1 日投入运行。

（3）测试参数选取

根据《环境保护技术验证测试规范》要求、高温干热处理技术的特点和评价目标，测试参数分为环境效果参数、工艺运行参数和维护管理参数。具体测试参数见表 8-3。

表 8-3　医疗废物高温干热处理技术验证评价参数

参数类别	对象	具体参数
环境效果参数	消毒效果	对枯草杆菌黑色变种芽孢的杀灭对数值
	大气污染物	TVOC、臭气、颗粒物、汞及其化合物（以 Hg 计）、氯化氢（HCl）、氯气、尾气净化系统排放出口附近空气中的细菌总数、医疗废物处理设备出料口处空气中的细菌总数
工艺运行参数	医疗废物高温干热处理系统	消毒时间
		消毒温度
		搅拌器转速
	处理能力	单位时间处理能力，折算成日处理能力
维护管理参数	处理单位重量医疗废物的综合能耗（以标准煤计）	电耗
		柴油消耗量

（4）测试条件及方法

技术持有方 / 技术使用方按照《维护运行说明书》的要求进行正常的生产和维护。在正常工况下进行取样测试，运行工艺参数达到以下要求：医疗废物处理量：4～5 t/d；消毒温度：170～210℃；消毒时间：20 min。朝阳市环境监测站派专人负责监督技术持有方 / 技术使用方的现场操作，保证其按照操作规范及程序进行操作。测试机构确定现场具备开展测试采样的条件和工作条件。

（5）环境样品采集

验证测试过程中，所采集的消毒效果检测样品和废气样品共计 288 个。具体环境样品的采集时间安排见表 8-4。

表 8-4　医疗废物高温干热处理技术样品采集时间安排

参数类别	类别	采样点	测试指标	采集频次	样品数量	样品类型
环境效果	大气样品	尾气净化系统排放出口（排气采样口1、排气采样口2）	TVOC、臭气、颗粒物	每天采测4个有效数据。每组有效数据需要在连续的2～3个废物处理批次中获得	168个	混合样。消毒器正式启动消毒程序时开始检测，直到获得有效数据
			Hg、HCl、氯气	每天采测3个有效数据。每组有效数据需要在连续的2～3个废物处理批次中获得	63个	混合样。消毒器正式启动消毒程序时开始检测，直到获得有效数据
		尾气净化系统排放出口（排气采样口2）	尾气净化系统排放出口附近空气细菌总数（空气自然菌）	医疗废物高温干热处理设备完成消毒、开始出料时，测3次	3个	混合样，按照标准方法操作（取样15 min）
		车间敏感位置（处理设备出料口处）	细菌总数（空气自然菌）	医疗废物高温干热处理设备完成消毒、开始出料时，测3次	3个	混合样，按照规范方法操作取样（15 min）
		VOCs处理效率验证分析	尾气净化系统排放出口（排气采样口2）、净化前气体采样口	采6个有效数据，进口、出口各3个，数据需要在连续的2～3个废物处理批次中获得	6个	混合样。消毒器正式启动消毒程序时开始检测，直到获得有效数据
	消毒效果检测	在医疗废物中加入标准微生物样品	对枯草杆菌黑色变种芽孢杀灭对数值	在消毒罐体内部的上面、中央、下面3个位置分别放置3个标准染菌样品；每重复3次试验可以得到一组有效数据；2014年7月30日、8月13日，除放置标准染菌样品外，还在相同位置放置染菌输液管，作为辅助样品	45个	标准染菌样品及染菌输液管
工艺运行参数	记录表格	医疗废物高温干热处理系温干热处理系表/医疗废物称重设备	消毒时间、消毒温度、搅拌器转速、处理量	记录当天所有医疗废物处理批次的相关信息	—	朝阳市医疗废物处理中心工作人员记录，经朝阳市环境监测站现场测试人员审核签字的记录表格
维护管理参数			电耗、柴油消耗量			

以上样品的采集和测定均按照有关国家标准（GB）、生态环境标准（HJ）和《消毒技术规范》（卫法监发〔2002〕282 号）中规定的方法进行。

（6）验证评价结果

医疗废物高温干热处理技术是一种非焚烧处理技术，验证评价期间，可达到以下效果：对枯草杆菌黑色变种芽孢的杀灭对数值＞5，达到≥4 的消毒性能要求；废气排放达到《大气污染物综合排放标准》（GB 16297—1996）及《恶臭污染物综合排放标准》（GB 14554—93）中排放限值要求（表 8-5）。

表 8-5　大气污染物测试结果

测试项目	测试结果 /（mg/m^3）	排放限值 /（mg/m^3）	达标率 /%
TVOC（方法 1）	2.25～3.89	—	—
TVOC（方法 2）	3.80～6.08	—	—
TVOC（方法 2）净化效率	57.8%～66.7%	—	—
臭气	＜10（排气管道内采样）	10（厂界一级标准值）	100
颗粒物	18～22	120	100
汞及其化合物（以 Hg 计）	未检出	0.012	100
氯化氢	＜0.9	100	100
氯气	＜0.2	65	100

注：依据国家环境保护标准 HJ/T 27—1999、HJ/T 30—1999，按照固定污染源有组织排放采样分析，氯化氢检出限为 0.9 mg/m^3，氯气检出限为 0.2 mg/m^3。

被验证技术的处理对象为感染性医疗废物、损伤性医疗废物以及部分不可辨识的病理性废物。系统的处理能力为 0.3 t/h。如按每天工作 18 h 计算，处理能力为 5.4 t/d；如按每天工作 24 h 计算，处理能力为 7.4 t/d。系统耗电量为 27.31 kW・h/t（医疗废物），消耗柴油量为 16.89 kg/t（医疗废物），综合能耗为 27.94 kg（标准煤）/t（医疗废物）；高温干热处理过程无水耗（不含清洗医疗废物转运箱用水）。系统运行稳定，设施运行参数正常，未出现影响工艺正常运行的故障。消毒温度稳定在 170～217℃，消毒时间为 20 min，搅拌速度为 21 r/min，消毒罐内部压力为 4 200～4 600 Pa。

通过医疗废物高温干热处理技术应用案例，进一步检验了技术验证评价在我国的可行性，以及《环境保护技术验证评价实施指南》《环境保护技术验证评价　通用规范》等指南规范的有效性和指导性，为我国土壤修复领域内开展技术验证评价方法和案例研究提供了有效借鉴。

8.3 焦化污染地块修复技术验证评价方法体系研究

随着我国环境修复产业的不断发展，人们对环境质量的要求越来越高，对环境修复过程中产生的二次污染问题越来越敏感。因此，环境修复领域对于新技术的需求越来越强烈。然而，针对污染场地的治理新技术，缺少一套公认的程序和方法来开展修复技术的有效评估，不利于环境修复领域技术进步、技术推广。目前，大气环境、水环境领域人员在环境技术验证评价方面进行了一定程度的探索，但在土壤环境修复领域，尚未开展环境技术验证评价，尤其是在指标体系构建、测试周期、采样布点数量与位置、评价方法等关键技术上缺乏经验。针对环境修复技术进行验证评价，需要结合国内典型类型的污染场地，尽快开展修复技术验证评估的试点和探索，促进行业快速发展。

焦化污染地块是我国典型的污染地块类型之一，其特点是地块面积大、污染物较典型、污染程度较重，是污染地块环境管理的重点和难点。在过去我国污染地块治理修复和开发利用的实践中，先后出现了北京焦化厂地块、重庆钢铁集团地块、武汉东钢遗留地块、广东白鹤洞钢铁遗留地块、山西煤气化厂遗留地块、杭州钢铁厂遗留地块等一批典型的焦化生产区遗留地块，引起行业和社会的高度关注。根据全国重点行业企业用地调查的初步成果，纳入调查的钢铁与焦化类型的地块在七种主要类型地块中排名第三，地块数量（含在产和遗留地块）初步估计有千余块，对修复技术的需求强烈。

8.3.1 修复及风险管控常用技术

为了有针对性地建立技术验证评价指标体系，对国内焦化污染地块案例进行分析，总结归纳出焦化污染地块常见的修复技术。针对每一类修复技术，列举了比较常见的修复技术，为后续针对具体技术提供工艺运行指标参数提供技术支持。目前，我国常见的焦化污染地块修复技术包括热修复技术、化学氧化技术、洗脱技术、抽提技术和生物修复技术；常见的焦化污染地块地下水修复技术包括抽出 - 处理技术、抽出 - 注入技术以及吹脱处理技术；常见的焦化污染地块风险管控技术包括固化 / 稳定化技术以及阻隔技术。

根据修复技术应用的原位异位情况、使用能源情况等，焦化污染地块修复及风险管控常用技术如下：

1）热修复技术，主要包括水泥窑协同处置技术、原位电加热热传导热脱附技术、原位燃气加热热传导热脱附技术、原位热蒸汽注入技术、原位电阻加热热脱附技术、异位直接热脱附技术、常温热解吸技术、异位堆式热脱附技术、异位间接热脱附技术；

2）化学氧化技术，主要包括原位化学氧化技术、异位化学氧化技术；

3）洗脱技术，主要包括异位土壤洗脱技术、原位土壤洗脱技术；

4）抽提技术，主要包括生物堆技术、多相抽提技术、双相抽提技术、气相抽提技术、原位生物通风技术；

5）生物修复技术，主要包括生物堆修复技术；

6）抽出 - 处理技术；

7）抽出 - 注入技术；

8）吹脱处理技术，主要包括异位吹脱技术、原位空气曝气技术；

9）固化 / 稳定化技术，主要包括原位固化稳定化技术、异位固化稳定化技术；

10）阻隔技术，主要包括渗透反应墙（PRB）或反应带技术、水泥搅拌桩墙、高压喷射灌浆墙、水泥帷幕灌（注）浆墙、HDPE 土工膜隔离墙、土 - 膨润土隔离墙等垂直阻隔技术；混凝土水平阻隔、黏土水平阻隔、柔性水平阻隔技术等水平阻隔技术。

8.3.2　评价指标体系的构建

在我国“双碳”目标的大背景下，当前土壤修复技术和工程的发展方向是绿色、低碳与可持续的。在我国环境治理技术验证评价总则的指导下，针对焦化污染场地污染特征及治理修复技术特点，验证技术的修复效果、运行可靠性、经济性、绿色性、低碳可持续性，计划从环境效果、工艺运行和维护管理三个方面进行综合评价，建立有针对性、可操作性的焦化污染场地治理修复和风险管控技术验证的指标体系。

焦化污染地块典型治理修复技术验证评价指标体系的构建是验证评价过程的关键环节，即测试技术在实际运行工况下的性能参数，包括环境效果、工艺运行和维护管理等一级指标，同时下设若干二级及三级指标。结合对焦化污染地块风险管控与修复技术类型的分析，本研究设计出 3 个一级指标，以及 8 个二级指标，共同构成指标体系，具体见表 8-6。

表 8-6 焦化污染地块修复技术验证评价指标体系框架

<table>
<tr><th>一级指标</th><th colspan="2">二级指标</th><th>三级指标</th></tr>
<tr><td rowspan="8">环境效果</td><td colspan="2">目标污染物</td><td>苯系物（BTEX）、多环芳烃（PAHs）、总石油烃类（TPHs）、苯胺类和联苯胺类、酚类物质、重金属类及其他无机类</td></tr>
<tr><td colspan="2">工程性能指标</td><td>抗压强度、渗透性能、阻隔性能、工程运行的连续性和设施的完整性</td></tr>
<tr><td rowspan="6">绿色低碳性指标</td><td>土壤 / 地下水</td><td>过程产物、降解产物</td></tr>
<tr><td>固体废物</td><td>一般工业固体废物、危险废物产生量</td></tr>
<tr><td>废水</td><td>关注污染物、常规污染物排放量是否达标</td></tr>
<tr><td>废气</td><td>关注污染物、常规污染物排放量是否达标</td></tr>
<tr><td>噪声</td><td>等效连续 A 声级（L_{Aeq}）</td></tr>
<tr><td>低碳性</td><td>二氧化碳、甲烷排放强度</td></tr>
<tr><td rowspan="4">工艺运行</td><td colspan="2" rowspan="2">技术参数</td><td>影响半径、热效率</td></tr>
<tr><td>其他</td></tr>
<tr><td colspan="2" rowspan="2">运行参数</td><td>温度、压力、流量、频率、处理量、时间</td></tr>
<tr><td>其他</td></tr>
<tr><td rowspan="12">维护管理</td><td colspan="2" rowspan="4">运行可靠性</td><td>连续稳定运行时间</td></tr>
<tr><td>故障及异常发生频率</td></tr>
<tr><td>故障严重程度</td></tr>
<tr><td>其他</td></tr>
<tr><td colspan="2" rowspan="6">资源能源、材料消耗</td><td>水耗</td></tr>
<tr><td>能耗（燃气消耗量、汽油柴油消耗量、电力消耗量）</td></tr>
<tr><td>药剂、材料种类及用量</td></tr>
<tr><td>人工、机械</td></tr>
<tr><td>单台（套）仪器设备的占地面积</td></tr>
<tr><td>其他</td></tr>
<tr><td colspan="2" rowspan="2">维护管理方便性</td><td>排查故障时间</td></tr>
<tr><td>日常维护保养时间</td></tr>
</table>

8.3.2.1 环境效果指标

修复效果指标包括目标污染物 / 工程性能指标、绿色低碳性指标。目标污染物应根据技术自我声明、测试对象和被评价技术的修复目标污染物等选取，一般用去除率或达标率表征。目标污染物包括苯系物（BTEX）、多环芳烃（PAHs）、总石油烃类（TPHs）、苯胺类和联苯胺类、酚类物质、重金属类及其他无机类，具体污染物根据实际技术应用地块确定。工程性能指标应包括抗压强度、渗透性能、阻隔性能、工程运行的连续性和设施的完整性等。绿色低碳性指标应包括土壤 / 地下水、固体废物、废水、废气、噪声等二次污染指标，以及二氧化碳、甲烷等的排放强度指标。

由于固化 / 稳定化技术只是改变污染物的形态，并未将污染物从土壤中彻底去除，不仅要考虑目标污染物在分析测试期间的处理效果，还应考虑固化 / 稳定化技术的稳定性趋势。

8.3.2.2　工艺运行指标

工艺运行指标应根据被评价技术的具体特点确定，选择直接对修复技术稳定运行及污染物处理效果产生影响的工艺运行指标，如温度、压力、流量、药剂添加量、频率、处理量、时间等。根据不同修复技术的特征，表 8-7 分析了典型修复技术的工艺运行指标。对于表中未提及的相关技术，应当参照原理相同或相近技术的特征指标，选择相关指标。不同类型的土壤对修复技术工艺运行参数的影响很大，因此，技术验证评价过程中应同时测定土壤的各种理化指标，包括土壤的有机质含量、容重、含水率、颗粒密度等，以提高工艺运行参数的针对性和有效性。

表 8-7　不同土壤和地下水修复技术对应的工艺运行指标

技术类别		指标	单位
焦化污染地块土壤修复技术	热修复技术（以水泥窑协同处置技术为例）	污染土壤处置能力	t/d
		土壤最大进料含水率	%
		土壤最大进料粒径	mm
		水泥窑土壤停留时间	min
		二燃室温度	℃
		二燃室气体停留时间	min
		水泥窑气体温度	℃
		水泥窑出口温度	℃
		其他	—

续表

技术类别		指标	单位
焦化污染地块土壤修复技术	热修复技术（以电加热原位热传导热脱附技术为例）	加热方式	—
		加热井间距	m
		升温速率	℃ /d
		加热时间	d
		加热温度	℃
		保温时间	d
		加热体积	m^3
		加热功率	kW
		抽提流量 / 压力	m^3/min、MPa
		电流	A
		地面处理设备运行工况	—
		其他	—
	热修复技术（以异位直接热脱附技术为例）	处理规模	t/d
		土壤最大进料粒径	mm
		土壤最大进料含水率	%
		回转窑加热温度 / 出土温度	℃
		回转窑燃烧器燃气流量	m^3/h
		回转窑燃烧器助燃空气流量	m^3/h
		二燃室温度	℃
		二燃室燃烧器燃气流量	m^3/h
		二燃室燃烧器助燃空气流量	m^3/h
		二燃室气体停留时间	min
		土壤停留时间	min
		急冷塔喷水量	m^3/h
		除酸塔喷水量	m^3/h
		尾气风机抽提流量 / 压力	m^3/h、kPa
		其他	—
	化学氧化技术（以原位化学氧化技术为例）	注入方式	—
		注入井间距	m
		注入深度	m
		注入速率与压力	m^3/min、MPa
		药剂添加量	kg/m^3
		药剂添加频率	次
		其他	—

续表

技术类别		指标	单位
焦化污染地块土壤修复技术	化学氧化技术（以异位化学氧化技术为例）	混合搅拌方式	—
		混合搅拌频率	次
		土壤含水率	%
		药剂添加量	%
		药剂添加频率	次
		批次修复时间	d
		其他	—
	洗脱技术（以异位洗脱技术为例）	增效剂选择	—
		水土比	—
		洗脱药剂添加量	kg/L
		液体对目标污染物的去除效果	%
		洗脱时间	h
		洗脱次数	次
		各级筛分分离设备水量及水压	m^3、MPa
		混泥机内水量及水压	m^3、MPa
		固液分离后固体内残余量	t
		压滤设备处理量	t/h
		废水设备处理量	m^3/h
		废水处理时间	h
		其他	—
	抽提技术（以气相抽提技术为例）	抽气井深度和距离	m
		真空泵功率	kW
		真空度	Pa
		气相抽提范围半径	m
		抽气流量	m^3/h
		修复时间	d
		地面尾气处理系统处理效率	%
		地面尾气处理系统处理能力	—
		其他	—

续表

技术类别		指标	单位
焦化污染地块土壤修复技术	生物修复技术（以生物堆技术为例）	修复时间	d
		土壤含水率	%
		土壤温度	℃
		土壤 pH	—
		土壤微生物含量	个 /g
		土壤营养物质量及配比	—
		堆体内氧气含量	%
		其他	—
焦化污染地块地下水修复技术	抽出 - 处理技术	处理量	m^3/h
		处理工艺	—
		总处理时间	d
		修复过程中添加药剂种类及剂量	—
		抽水井布置形式	—
		抽水井数量	口
		抽水井间距	m
		单井抽水速率	L/h
		抽水井影响半径	m
		其他	—
	抽出 - 注入技术	处理量	m^3/h
		处理工艺	—
		总处理时间	d
		修复过程中添加药剂种类及剂量	—
		抽水井布置形式	—
		抽水井数量	口
		抽水井间距	m
		单井抽水速率	L/h
		抽水井影响半径	m
		回注井注入速率	L/h
		其他	—

续表

技术类别		指标	单位
焦化污染地块地下水修复技术	吹脱处理技术	吹脱塔类型	—
		塔体横截面积	m^2
		填料类型	—
		填料高度	m
		水处理量	m^3/h
		气液比	—
		空塔气速	m/s
		鼓风机流量 / 压力	m^3/h、kPa
		水温	℃
		其他	—
焦化污染地块风险管控技术	固化 / 稳定化技术（以异位固化稳定化为例）	药剂添加方式	—
		药剂添加种类	—
		药剂添加比例	%
		土壤粒径	cm
		土壤含水率	%
		养护时间	d
		其他	—
	阻隔技术［以渗透反应墙（PRB）为例］	填充介质选择及配比：零价铁、活性炭、沸石、石灰石、离子交换树脂、铁的氧化物和氢氧化物、磷酸盐以及有机材料（城市堆肥物料、木屑）等	—
		反应墙结构：连续反应墙；漏斗 - 通道系统（单通道、并联多通道、串联多通道）	—
		使用期限	a
		安装位置	—
		安装深度	m
		反应墙厚度	m
		反应墙走向	—
		水力停留时间	h
		阻隔效率	%
		其他	—

8.3.2.3 维护管理指标

维护管理指标包括经济性指标、维护管理性能等，应根据焦化污染地块修复技术的实际情况选取。

（1）经济性指标

经济性指标主要包括处理设施建设投资和运行费用两种类型。运行费用包括水资源消耗、材料消耗、能源消耗和药剂消耗等。材料消耗指真空抽提风机、废水处理设备、废气处理设备、助燃风机、燃烧器等设备的消耗；能源消耗指天然气消耗、电耗、用电负荷等。

（2）维护管理性能

维护管理性能主要包括经常发生故障和异常的设备、故障及异常发生频率、故障排除的难易程度。

基于验证评价指标体系，为了对验证测试技术的先进性、可靠性、经济性等进行测试，确定以定量测试分析为主、定性描述为辅的测试原则和方法。各评价指标，能采用国标法进行定量分析的均优先采用国标法，对于尚无国标法或尚不能进行定量分析的，采用验证测试规程推荐方法进行定量或定性评价。

焦化污染地块修复技术验证测试工作采取现场验证测试结合实验室测试的方式开展，在保证数据可靠的同时，尽量降低评价测试费用。其中，噪声样品、大气样品和废水样品可以采用现场测试的方式。由于土壤现场快速检测设备的数据尚不能定量，且与实验室数据有较大差异，土壤样品建议送至实验室进行检测分析。

8.3.3 验证评价测试的周期

验证评价测试周期是验证评价过程中一个需要重点考虑的关键因素。验证周期的长短直接关系到是否能全面反映验证技术在各种工况条件下的效能，同时影响验证测试的经济成本。验证时间过长，虽然可完整地体现测试技术在各种工况条件下的效果，但会明显增加验证测试的成本，影响验证评价工作开展的经济可行性和可推广性；验证时间过短，则难以全面反映在不同情况下处理工艺技术的使用效果及可靠性。因此，本研究针对土壤修复技术提出最长验证周期，针对风险管控技术提出最短的验证周期。由于土壤修复设备（系统）刚启动后需要进行调试及试运行，调试及试运行阶段无法真实客观地反映技术性能，验证周期应从正式运行开始。

测试周期的选择要反映所有技术运行工况，如启动、温度变化、负荷变化等，借鉴国内外验证技术测试周期。本研究针对不同焦化污染地块修复技术，给出了推荐的测试周期值，见表 8-8。具体评价工作中，验证周期还可由分析测试机构、专家组结合实际情况进一步确定。测试周期的确定原则如下：

1）应满足对验证技术性能的有效性和可靠性、运营维护管理的稳定性和经济性以及操作难易程度等的测试要求；

2）应反映被验证技术对环境条件的适应性，例如，低温条件对生物堆技术运行稳定性影响较大，测试周期应至少涵盖 30 d 低温期；

3）应反映被验证技术对特征污染物的去除效果；

4）应反映污染物负荷周期变化和抗冲击能力；

5）在考虑科学合理采样频率的条件下，应满足数据评价最低样本数要求。

表 8-8　常见修复（管控）技术的推荐测试周期

<table>
<tr><th>分类</th><th>技术类别</th><th>测试周期的推荐值</th><th>主要考虑因素</th></tr>
<tr><td rowspan="5">焦化污染地块土壤修复技术</td><td>热修复技术（以水泥窑协同处置技术为例）</td><td>现场测试不少于 7 d</td><td>尾气排放，修复效果评估</td></tr>
<tr><td>热修复技术（以电加热原位热传导热脱附为例）</td><td>现场测试不少于 60 d</td><td>机械及耐高温运行稳定性，原料成分变化，负荷变化，修复周期</td></tr>
<tr><td>化学氧化技术（以原位化学氧化技术为例）</td><td>现场测试不少于 90 d</td><td>现场设备试运行，特定地块修复药剂与用量确定，修复效果评估</td></tr>
<tr><td>洗脱技术（以异位洗脱技术为例）</td><td>现场测试不少于 30 d</td><td>淋洗设备运行的稳定性，特定地块淋洗药剂与用量确定，修复效果评估</td></tr>
<tr><td>抽提技术（以气相抽提技术为例）</td><td>现场测试不少于 90 d</td><td>现场设备运行稳定性，特定地块修复药剂与用量确定，修复效果评估</td></tr>
<tr><td rowspan="3">焦化污染地块地下水修复技术</td><td>抽出 - 处理技术</td><td>现场测试不少于 60 d</td><td>现场设备运行稳定性，修复效果评估</td></tr>
<tr><td>抽出 - 注入技术</td><td>现场测试不少于 60 d</td><td>现场设备运行稳定性，修复效果评估</td></tr>
<tr><td>吹脱处理技术</td><td>现场测试不少于 60 d</td><td>设备运行的稳定性，处理效果</td></tr>
<tr><td rowspan="2">焦化污染地块风险管控技术</td><td>固化 / 稳定化技术（以异位固化稳定化为例）</td><td>现场测试不少于 120 d</td><td>固化稳定化效果及长期稳定性</td></tr>
<tr><td>阻隔技术［以渗透反应墙（PRB）为例］</td><td>现场测试不少于 120 d</td><td>阻隔效果及长期有效性</td></tr>
</table>

8.3.4　采样点位和采样频率

根据所收集的技术资料，充分研究验证技术工艺流程、技术特点、创新点、已有数据等信息，合理设置具有代表性的采样点位。采样点位的设置应符合《污染地块风险管控与土壤修复效果评估技术导则》（HJ 25.5）、《污染地块地下水修复和风险管控技术导则》（HJ 25.6）的相关规定，并尽量将采样点位设置在修复薄弱区。本书针对不同修复技术梳理了修复薄弱区，具体见本书第 7 章。

采样频率应能满足可真实反映验证工艺绩效的最低样本数的要求。土壤中目标污染物，应至少在验证周期末期采集一批次样品；地下水中目标污染物，应至少在验证周期中期和末期采集两批次样品；验证周期内产生的固体废物，应至少在验证周期末期采集一批次，不少于 2 个样品；对于已经列入国家危险废物名录的，可不进行采样检测；验证周期内废水应满足《污水综合排放标准》（GB 8978）的要求；验证周期内废气应满足《固定污染源排气中颗粒物测定与气态污染物采样方法》（GB/T 16157）和《大气污染物综合排放标准》（GB/T 16297）的要求；验证周期内噪声测试应满足《工业企业厂界环境噪声排放标准》（GB 12348）的要求。

样品采集时，须对每个样品贴上标签，注明样品编号、样品类型、采样时间等信息，样品标识应具有唯一性，避免混淆和出错，并保证样品量足够用于检测分析。采样人员应及时填写采样记录表。所有样品信息都需要在采样记录表中体现，采样记录表作为评价过程记录文件，需妥善保存。

样品的保存参照标准方法执行，测试机构现场工作人员采集好样品，并用专门的样品箱保存样品，根据保存要求及时送至实验室。样品运输前，应将容器的外（内）盖盖紧。装箱时，应用泡沫塑料等分隔，以防破损。运输过程中，做好防震处理，避免日光照射，并防止新的污染物进入容器或玷污瓶口。

8.3.5 验证评价测试方法

8.3.5.1 环境效果指标的测试方法

对于环境效果指标的检测，应优先选择现行的国家或行业标准方法作为检测方法。样品检测实验室应具备相应检测资质，分析方法应在实验室资质认定范围内使用；优先选用《土壤环境质量建设用地土壤污染风险管控标准（试行）》（GB 36600）、《土壤环境监测技术规范》（HJ/T 166）、《地下水质量标准》（GB/T 14848）等标准指定的检测方法；暂无标准检测方法时，可选用行业统一分析方法或等效分析方法，但需进行方法确认和验证。

8.3.5.2 工艺运行指标的测试方法

工艺运行指标应优先选择现行的国家或行业标准方法作为测试方法。在企业已有数据真实可信的条件下，可直接采用企业自测数据；在企业数据缺失或可疑情况下，应开展现场测试。

技术治理设施的工艺参数，参照其工程技术规范的相关规定执行；无工程技术规范的，应选择适当的方法。污染物浓度测定，按照其对应的标准方法的相关规定执行。工艺运行指标的获取方式见表 8-9。

表 8-9　工艺运行指标的获取方式

工艺运行项目		具体指标的获取方式
技术参数	影响半径、热效率等	技术持有方提供，技术验证方资料审核及现场查验
运行参数	温度、压力等	验证周期内实时记录温度、压力等参数，台账法

8.3.5.3　维护管理指标测试方法

对于操作及维护管理过程，应当记录故障发生时间、原因、排除方法，并对测试期间的故障次数、故障频率等进行统计，考察故障和异常的发生频率。记录故障发生时间、是否可以简单地排除故障及排除故障所需时间，考察故障排除的难易程度。检查并记录设备的连续稳定运转时间，考察设备稳定运转性能。检查并记录自动控制的可靠性、手动系统的可靠性等，考察控制系统的可靠性。原料及资源消耗指标，可以通过设备运行参数获得，具体获取方式可参考表 8-10 所列方法。

表 8-10　维护管理方便性的获取方式

维护管理项目		具体指标的获取方式
运行可靠性	连续稳定运行时间	记录设备的连续稳定运转时间，台账法
	故障及异常发生频率	记录故障发生时间、原因、排除方法，并对测试期间的故障次数、故障频率等进行统计，台账法
药剂消耗和能源消耗	药剂、材料种类及用量	计量磅秤或加药 / 材料设备消耗测定，台账法
	能耗	全部测试对象的能源消耗，实际测量或计算，台账法
	水耗	计量泵或计量表，台账法
维护管理方便性	故障排除时间	记录故障发生时间，及排除故障所需时间，台账法
	日常维护保养时间	记录日常维护保养时间，台账法

8.3.6　验证评价方法

验证评价一般可采用均值、中位数、数据范围、方差等对修复效果指标、工艺运行指标、维护管理指标进行统计分析，依据统计分析结果做出科学、合理的评价。

8.3.6.1 污染物去除率

按照式（8-1）计算污染物的去除率（σ）。

$$\sigma = \frac{c_{i0} - c_i}{c_{i0}} \times 100\% \quad (8\text{-}1)$$

式中：c_{i0}——验证场地第 i 种污染物初始浓度的平均值的数值，mg/kg（针对土壤）、mg/L（针对地下水）；

c_i——验证场地第 i 种污染物验证结束后浓度的平均值的数值，mg/kg（针对土壤）、mg/L（针对地下水）。

8.3.6.2 污染物达标率

对于土壤，可采用逐一对比或统计分析的方法进行修复效果评价。样本数小于8个时，采取逐个对比法；样本数大于等于8个时，可以采取统计分析方法。效果评价方法，可参见《污染地块风险管控与土壤修复效果评估技术导则》（HJ 25.5）。

针对地下水，技术验证时可采用趋势分析法进行持续稳定达标判断。在95%的置信水平下，若趋势线斜率显著大于0，说明地下水中污染物浓度呈现上升趋势；若趋势线斜率显著小于0，说明地下水中污染物浓度呈现下降趋势；若趋势线斜率与0没有显著差异，说明地下水中污染物浓度呈现稳态。若地下水中污染物浓度呈现稳态或者下降趋势，可判断地下水是否达到修复效果或修复极限。效果评价方法，可参见《污染地块地下水修复和风险管控技术导则》（HJ 25.6）。

有组织废气、无组织废气、废水、噪声，采用逐一对比的方法进行评价。

8.3.6.3 运行可靠性

运行可靠性指标主要根据连续稳定运行时间、维护管理难易程度、故障发生频率、排除故障的难易程度、维护管理所需要的技能水平等进行分析和判断。评价结果可分为：运行可靠稳定，基本没有发生故障的情况；运行基本可靠，发生过故障但没有影响整体运行，故障很容易被排除的情况；运行可靠性差，故障频繁或故障发生后不易排除的情况。

8.3.6.4 经济性

经济性指标主要根据建设费用、运行费用、维修费用、折旧费用进行综合评价。各类费用的评价宜采用以下方法：①建设费用：一般可采用单套设备设施的投资和单位时间修复量的比值，对单位时间内每修复一方污染土或污染水的基建投资进行评价。②运行费用：一般可采用修复单位土方量或水量所对应的水耗、能耗、药剂和材料损耗、人工成本、机械成本等之和进行评价。③维修费用：主要通过污染修复设施维修频率和单次维修费用进行评价。④折旧费用：主要通过污染修复设施的使用年限进行评价。

8.3.6.5　绿色低碳性

根据技术产生废水、废气、噪声、固体废物等二次污染情况以及二氧化碳、甲烷排放强度评价技术的环境影响。各指标评价宜采用以下方法：①废水指标：一般用修复单位土方量清洁水使用量、废水产生量、废水回用率或排放率、是否达标排放等进行评价。②废气指标：一般用修复单位土方量废气排放量、是否达标排放进行评价。③噪声指标：一般用是否达到工业企业厂界环境噪声排放标准进行评价。④固体废物指标：一般用修复单位土方量固体废物 / 危险废物产生量定量化评价。⑤低碳指标：一般用修复单位土方量二氧化碳、甲烷排放强度进行评价。

8.3.6.6　维护管理方便性

根据维护管理工作量、难易程度、所需要的技能水平等评价化工污染地块土壤修复技术的维护管理性能。①维护管理工作量小或操作简单，掌握技术难度较小，则可认为维护管理方便性好；②维护管理工作量大或操作复杂，掌握技术难度较大，则可认为维护管理方便性差。

8.4　焦化污染地块修复新技术评价案例分析与验证

为验证焦化污染地块修复技术验证评价方法的科学性、可操作性和有效性，本节选择山西某焦化污染地块修复示范技术——原位热脱附 - 水平井 - 化学氧化耦合修复技术为研究对象，从环境效果、工艺运行、维护管理等方面开展该技术的验证评价。

8.4.1　示范地块及被评价技术概况

8.4.1.1　示范地块污染概述

示范场地位于山西某焦化地块，污染面积约 700 m^2，最大污染深度为 3 m。调查显示，该地块土壤的主要污染物有苯并 [*a*] 芘、苯并 [*a*] 蒽、苯并 [*b*] 荧蒽、茚并 [1, 2, 3-*cd*] 芘、二苯并 [*a*, *h*] 蒽等，污染物浓度及超标情况见表 8-11。地块勘探范围内的地层划分为人工堆积层和第四系沉积层两大类，并按土层的物理性质指标、渗透性指标等，进一步划分为七个大层及其亚层，其中，0.0～10.0 m 污染层为：一层为人工填土层；二层为中粗砂（Q_4^{al+pl}）；三层为粉土层（Q_4^{al+pl}）。地下水埋深为 24.6～25.5 m。

表 8-11　示范地块土壤污染物浓度及超标情况

污染物名称	地块名称							GB 36600 中第一类用地筛选值
	312	313	314	316	317	318	319	
苯并 [*a*] 蒽 /（mg/kg）	21.7	3.6	7.7	4.1	10.5	0.7	1.1	5.5
苯并 [*a*] 芘 /（mg/kg）	20.5	7.4	5.6	7.6	10	0.8	1.3	0.55
茚并 [1, 2, 3-*cd*] 芘 /（mg/kg）	3.6	2.4	3	6.7	10	0.9	1.3	5.5
二苯并 [*a*, *h*] 蒽 /（mg/kg）	4.1	1.5	1.7	1.8	2.3	0.2	0.7	0.55
苯并 [*b*] 荧蒽 /（mg/kg）	27.4	13.7	7.2	8.6	10.8	0.9	1.2	5.5

8.4.1.2　示范地块修复技术概况

针对该示范地块，计划采用原位热脱附 - 水平井 - 化学氧化耦合修复技术进行修复。该技术是将热传导加热（TCH）、土壤气相抽提（SVE）、蒸汽强化抽提（SEE）、原位化学氧化（ISCO）等修复技术进行耦合形成的修复技术体系，对于土壤污染呈水平带式分布或不可开挖地块的有机类污染物修复具有较强适用性。其中，蒸汽 / 药剂注入井、抽提井均可采用水平井形式，相较于垂直井，其在土壤中热扩散面积更大，加热效率更高，修复成本更低。

原位热脱附 - 水平井 - 化学氧化耦合修复技术包括氧化药剂注射系统、热传导加热系统、蒸汽发生系统、水平井管网系统、尾气处理系统及尾水处理系统。热传导加热是热量通过传导的方式由热源传递到污染区域，从而加热土壤和地下水的处理过程。可以通过电能直接加热的方式对加热井进行加热，也可以通过燃气等能源产生的高温热烟气或蒸汽等介质对加热井进行加热。土壤气相抽提是通过专门的地下抽提（井）系统，利用真空或注入空气产生的压力迫使非饱和区土壤中的气体发生流动，从而将其中的挥发性有机污染物和半挥发性有机污染物脱除，达到清洁土壤的目的。蒸汽强化抽提是通过将高温水蒸气注入污染区域，加热土壤、地下水，从而强化目标污染物抽提效果的处理过程。原位化学氧化是向土壤或地下水的污染区域注入氧化剂或还原剂，通过氧化作用，使土壤或地下水中的污染物转化为无毒或毒性相对较小的物质。

针对焦化场地包气带高浓度苯系物和多环芳烃污染，该耦合技术可根据污染类型分阶段实施。其中，第一阶段工作原理是组合应用热传导加热与土壤气相抽提技术，先对污染土壤进行加热（低温，40～60℃），促进部分轻质多环芳烃、苯系物向气相中迁移，通过气相抽提的作用，去除土壤中大部分苯系物及部分多环芳烃；第二阶段工作原理是耦合应用蒸汽加热、原位化学氧化，通过蒸汽加热促进吸附在土壤固体颗粒上的有机污染物解吸至液相及气相，并通过气相抽提进一步去除低沸点有机物；将氧化药剂（过硫酸盐）注射至污染区域，并通过蒸汽加热将热量传递给过硫酸盐，热活化过硫酸盐，促进生成硫酸根自由基，提高氧化剂反应活性，进而促进污染土壤中多环芳烃、苯系物的氧化降解，最终实现对浅层多环芳烃、高浓度苯系物污染土壤的修复。原位热脱附 - 水平井 - 化学氧化耦合修复技术实现了单一技术之间的优势互补，为降低修复能耗和修复成本提供了一种可能性。该耦合修复技术的工艺流程如图 8-4 所示。

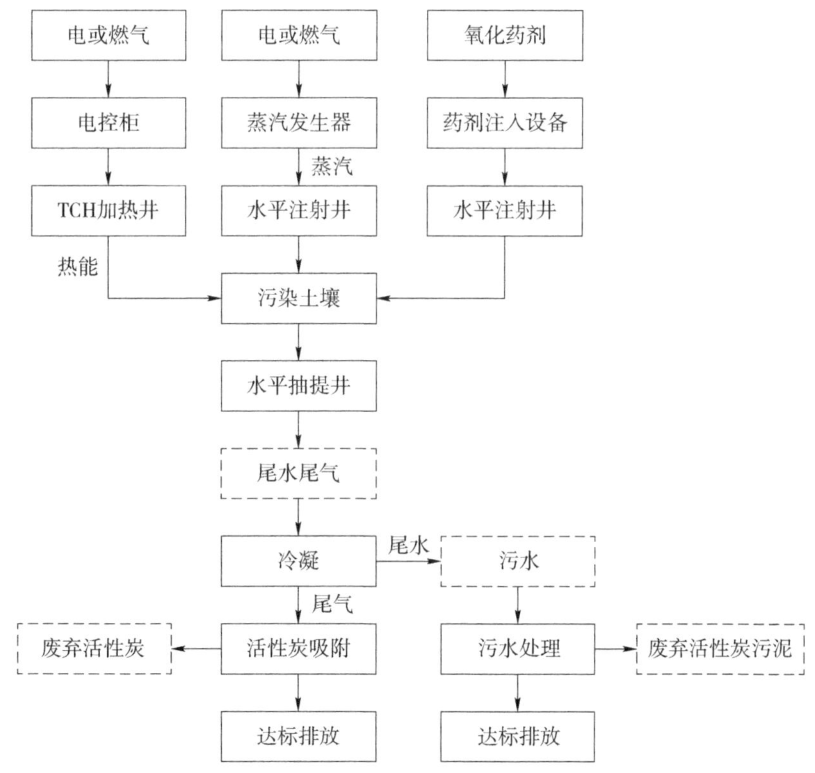

图 8-4　原位热脱附 - 水平井 - 化学氧化耦合修复技术工艺流程

耦合修复技术中，水平井管网系统布设在污染土壤区域，由多段耐高温、耐腐蚀的长度为 2～3m 的预制滤料水平井管依次连接形成，管壁上均匀分布有筛缝，其铺设方式采用非开挖式拉管施工工艺。预制滤料水平井管根据使用功能不同，可划分为注射井和抽提井，其在污染土壤中分布方式，如图 8-5 所示。

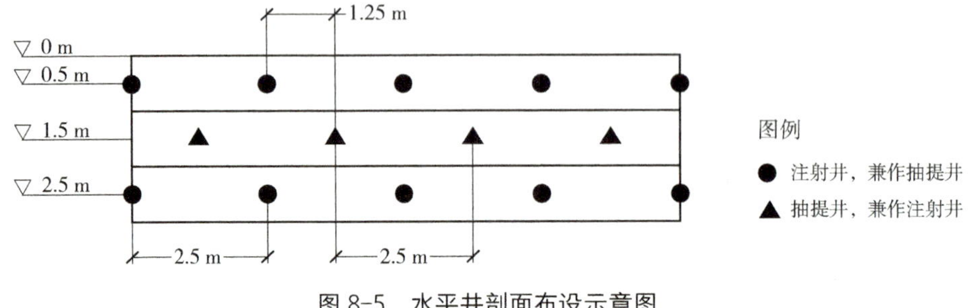

图 8-5 水平井剖面布设示意图

在蒸汽加热阶段，蒸汽发生系统产生的高温蒸汽通过输送管道进入水平注射井管，由井管筛缝进入土壤，将土壤加热至所需温度，促进土壤中污染物的挥发；挥发出的污染物在系统末端引风机的作用下，经筛缝进入水平抽提井管，然后经管道输送至尾气处理单元，处理达标后排放。

在原位化学氧化阶段，通过氧化药剂注射系统将氧化药剂输送至水平注射井管，由井管筛缝进入土壤，在热激活作用下与土壤中污染物发生反应。该氧化药剂注射系统为一体化撬装模块，由药剂搅拌系统、空压机、隔膜泵、仪表、控制系统等组成。水平井系统上安装有压力监测仪表，实时监测注射压力变化情况。

抽提系统由尾气处理系统中的引风机带动，使目标修复区域形成负压环境，将尾水尾气通过水平抽提井管抽出，然后进入后端尾水尾气系统，处理达标后排放。验证现场如图 8-6 所示。

图 8-6 被验证的耦合修复技术在示范场地上的安装建设现场

8.4.1.3 示范修复技术的特点分析

单一热脱附技术对污染物去除率较高，但存在能耗大、修复成本高的问题；单一原位化学氧化技术具有处理成本低的优势，但对于土壤中高浓度多环芳烃污染，存在对污染物去除不彻底、氧化药剂用量大等问题。与单一热脱附或单一原位化学氧化技术相比，原位热脱附 - 水平井 - 化学氧化耦合修复技术实现了单一技术之间的优势互补，为降低修复能耗和修复成本提供了一种可能性。该耦合技术存在以下创新点：

1）应用耦合修复技术，提高修复效率，降低修复成本。原位热脱附与原位化学氧化耦合联用技术，可通过原位热脱附去除大部分的苯系物 VOCs 污染以及短链石油烃污染，并通过氧化剂（过硫酸盐）集中靶向修复 PAHs 污染，减少了其他有机污染对氧化药剂的消耗。另外，高温促进了 PAHs 等污染从固相到液相的溶出，并对过硫酸钠药剂实现热激活强化，提高了药剂对污染物的氧化效率。相较于单一技术，可降低热脱附温度，减少能耗，土壤余热增强后续化学氧化药剂活性，在降低修复成本的同时，提高修复效率。

2）蒸汽 / 药剂注射、气相抽提均采用水平井形式，实现一井多用，减少材料损耗，便于管理。本耦合技术创新应用双层缠丝滤料井管作为水平井，实现蒸汽注射、药剂注射及气相抽提。该种水平井管内外壁均由不锈钢缠丝构成，缠丝间隙形成筛缝，管内外壁之间填充滤料，施工时无须套管，施工简便、迅速。因水平井管耐高温、耐腐蚀，可根据修复需求兼作蒸汽 / 药剂注射井及抽提井，实现一井多用，便于集约化管理。采用水平井形式可显著增加与土壤的接触面积，提高原位热脱附修复过程中热传递效率和原位氧化修复过程中的药剂输送效率，降低布井数量，减少地表修复设施数量，减少材料损耗，降低修复成本。

3）本耦合技术采用水平井形式，针对水平方向扩散范围广或者建构筑物下方污染修复或风险管控具有一定优势。目前，修复工程中用于蒸汽注射、药剂注射及气相抽提的井形式通常为垂直井，而关于水平井的研究起步较晚，国内尚无水平井蒸汽加热等相关工程实施案例可循。本耦合技术中水平井的应用可为工程案例实施提供参考。垂直井设计、施工简便，单位延米建井及安装成本较低，针对污染垂向分布复杂的场地具有较强的适用性，但针对污染呈水平带式分布或存在地表障碍物的污染地块，垂直井的劣势开始凸显。针对水平方向扩散范围较广的污染羽，水平井形式可显著增加与土壤的接触面积，采用少量水平井便能使药剂覆盖污染羽，达到更好的修复效果；另外，针对在产企业隐患排查或者自行监测过程中、场地调查后发现的存在于不可移动 / 拆除建构筑物（如建筑物、道路等）下方的污染修复或风险管控，水平井具有明显的技术优势。水平井与垂直井修复如图 8-7 所示。

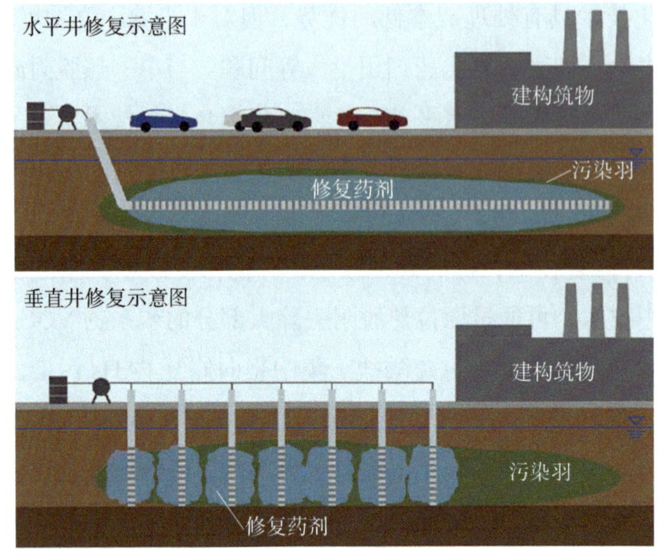

图 8-7　水平井与垂直井修复示意图

8.4.2　技术验证评价工作程序

根据前述分析，本技术验证评价案例分析的工作流程主要包括资料收集、构建指标体系、现场测试以及验证评价报告编制等环节，如图 8-8 所示。

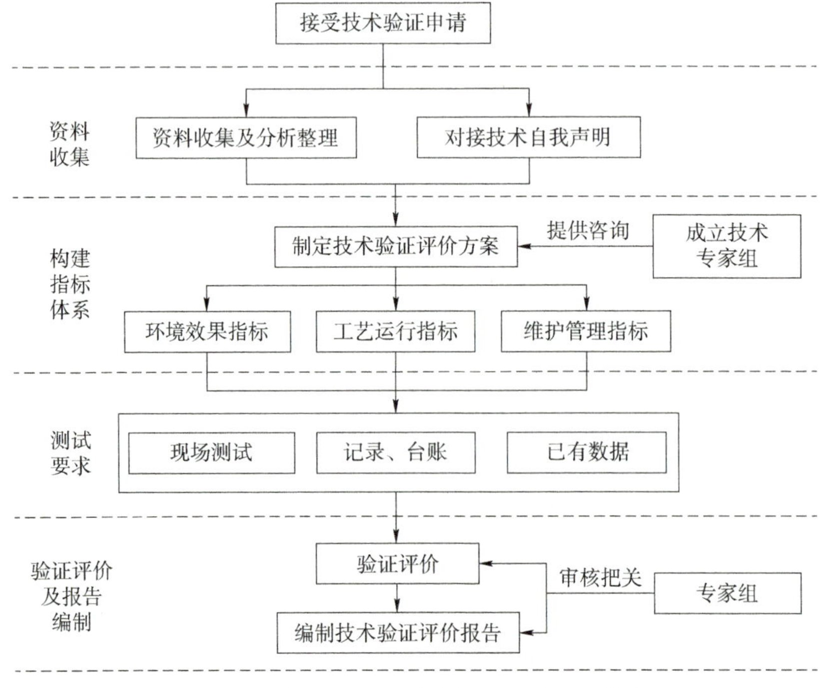

图 8-8　本技术验证评价案例分析与验证工作流程

在技术验证评价启动之前，需要编制技术验证评价方案，明确技术验证评价指标。其中，验证方案、验证评价指标一般由第三方机构会同技术持有方和技术使用方，根据被验证技术的特点来确定。验证评价指标一般以定量为主、定性为辅，主要包括环境效果指标、工艺运行指标、维护管理指标三类。

8.4.2.1　资料收集及现场踏勘

验证评价工作启动前，技术验证评价单位生态环境部环境规划院对验证技术的技术信息进行收集、整理和分析，并对技术持有方提供的数据资料的可靠性和有效性进行分析判断。收集到的资料主要包括技术情况、技术应用地块情况、已有数据等，主要涉及的内容见表 8-12。

表 8-12　资料收集清单

资料类别	具体内容
技术情况	技术基本情况
	工艺原理
	工艺流程图
	适用范围
	技术特点
	技术自我声明
	主要设备
	设计参数
	环境修复效果
	修复需要时间
	修复成本
	绿色低碳性（固体废物、废水、废气、噪声产生情况，二氧化碳、甲烷排放强度）
技术应用地块情况	地块概况
	地块水文地质情况
	土壤污染特征
	目标污染物修复目标、GB 36600 中一类用地筛选值
	修复设施概况
	平面布置图
	工艺运行参数
已有数据	土壤污染数据
	实际材料和药剂的消耗台账
	能耗
	水耗

技术验证评价单位生态环境部环境规划院赴技术验证现场进行实地踏勘，并调查技术应用现场的基本情况、处理规模、修复时间、现场设备实际运行和维护管理情况、物料及能源消耗情况等。

8.4.2.2 制定技术验证评价方案

为便于整个评价工作有序、科学地展开，在前期资料收集以及现场踏勘的基础上，根据评价目的和技术方提供的资料，技术验证评价单位生态环境部环境规划院编写完成技术验证评价方案，明确评价内容、评价方法及进度安排等，构建包括环境效果指标、工艺运行指标和维护管理指标三个方面的指标体系，并邀请专家组进行评审把关。

8.4.2.3 现场采样及检测

技术验证评价单位与技术持有方协商，委托第三方机构——天津实朴检测技术股份有限公司开展现场采样及监测分析，并收集技术持有方已有运行数据与相关台账资料。经审核后，可作为技术验证评价的参考资料。技术持有方提供的数据应确保真实、可靠，且同时提供数据的运行条件、环境条件等。

8.4.2.4 分析与评价

根据前期调研和现场测试结果，从技术的环境效果、工艺运行、维护管理等方面对被验证技术进行综合分析和评价，得出评价结论。

8.4.2.5 编制技术验证评价报告

在上述工作的基础上，通过分析与评价，开展技术验证评价报告的编写工作。为保证评价报告科学、客观和公正，技术验证评价单位生态环境部环境规划院完成技术验证评价报告初稿后，征求技术专家组和技术持有方等相关方意见。修改完善后，形成《原位热脱附－水平井－化学氧化耦合修复技术验证评价报告》。

8.4.3 技术验证评价主要技术方法

根据《环境管理　环境技术验证》（GB/T 24034）、《焦化污染地块修复技术验证评价技术规范》（T/CPCIF 0197—2022）的验证评价要求，结合 4.3 节的研究内容，基于验证评价目标和技术特点，确定检测指标、布点采样与分析方法。

8.4.3.1 评价指标的确定

本技术验证效果计划从环境效果、工艺运行和维护管理三个方面进行评价，结合污染地块和修复技术的实际情况，确定技术验证评价具体指标，见表 8-13。

表 8-13 示范地块技术验证评价具体测试参数

测试指标类别	测试对象		具体测试参数
环境效果指标	修复效果（土壤）		苯并 [a] 芘、苯并 [a] 蒽、苯并 [b] 荧蒽、茚并 [1, 2, 3-cd] 芘、二苯并 [a, h] 蒽
	绿色性	大气污染物	颗粒物、苯、二甲苯、非甲烷总烃、苯并 [a] 芘、臭气浓度
		水污染物	pH、悬浮物、化学需氧量、石油类、苯并 [a] 芘
		噪声	等效连续声级
		固体废物	产生量
工艺运行指标	运行参数		温度、影响半径
维护管理指标	能耗		燃气使用量、耗水量、耗电量
	物耗		氧化药剂等

本验证技术环境效果指标计划采取现场测试的方式开展，工艺运行指标和维护管理指标计划采取台账法、现场察看等方式开展。绿色性指标主要是指修复系统运行过程中大气污染物排放、废水排放、产生噪声以及固体废物等情况。

8.4.3.2 采样点位的布设

技术验证评价工作开展过程中，需要对技术验证评价所需要的评价数据进行现场采样。因此，现场采样布点方法的确定是技术验证评价工作中的重要环节。根据 4.3 节研究得出的布点方法，以及本评价针对的修复技术的特点，确定以下采样布点方法，同时尽量布设在修复效果薄弱区（冷点）。

1）水平方向上：验证地块污染土壤的面积约 700 m^2，按照 10 m × 10 m 布点，共布设 7 个点位。

2）垂直方向上：由于水平井（抽提井 / 加热井）埋设深度为 0.5 m、1.5 m 和 2.5 m，本验证采样深度计划设置在 0.2 m、1 m、2 m 和 3 m 处。

综合上述水平方向和垂直方向上的取样点位，共计采集土壤样品 28 个。

3）同时，为了考察本验证技术是否对周边土壤造成二次污染，在地块边界外 1 m 处布设 5 个点位，采样深度为 1 m。

本次技术验证评价的布点如图 8-9 所示；绿色性监测布点如图 8-10 所示。

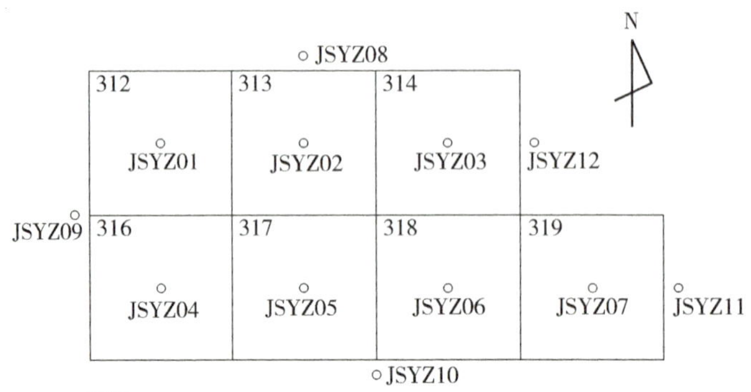

图 8-9 山西示范地块土壤修复效果布点

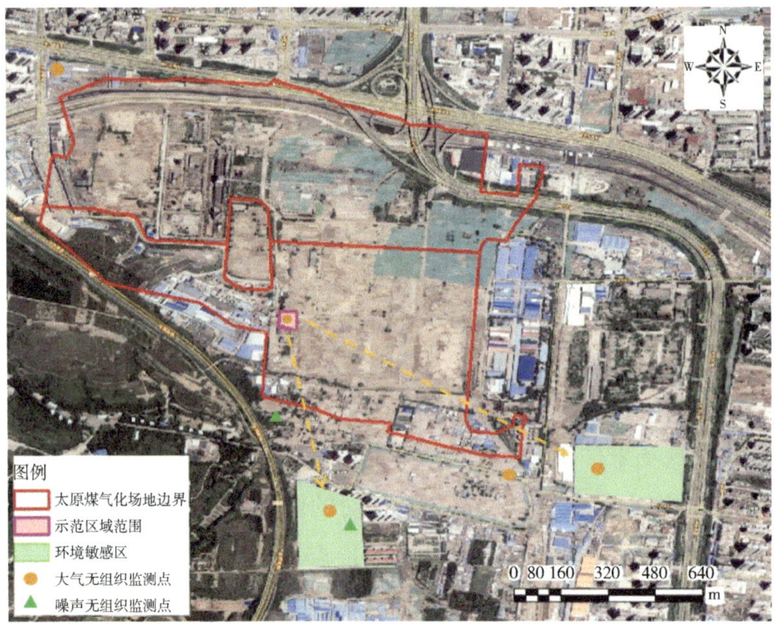

图 8-10 绿色性监测布点

8.4.3.3 实施现场采样

根据原位热脱附 - 水平井 - 化学氧化耦合修复技术的特点和评价目标，在技术验证评价测试阶段，采集土壤样品、大气（有组织废气和无组织废气）样品、废水样品、噪声和固体废物，并设计有针对性的检测方案。在整个系统运行完成后，在平面及不同深度采集土壤样品；周边土壤样品在整个系统运行前和运行结束后，分别采样检测；大气（有组织废气和无组织废气）样品、废水样品、噪声、固体废物等，在整个系统运行过程中进行采样。具体见表 8-14，现场采样照片如图 8-11 所示。

表 8-14　技术验证评价样品采集

监测分类	采样点位	测试指标	样品数量	位置	监测频率	验证方式
修复效果监测	地块内土壤	苯并 [*a*] 芘、苯并 [*a*] 蒽、苯并 [*b*] 荧蒽、茚并 [1, 2, 3-*cd*] 芘、二苯并 [*a*, *h*] 蒽	28	按照 HJ 25.5 布设采样点位	修复结束后采样 1 次	现场检测
周边土壤环境监测	地块周边土壤	苯并 [*a*] 芘、苯并 [*a*] 蒽、苯并 [*b*] 荧蒽、茚并 [1, 2, 3-*cd*] 芘、二苯并 [*a*, *h*] 蒽	10	距离地块边界 1 m 远、1 m 深处	运行前和运行结束后分别采样检测	现场检测
水环境监测	场区	pH、悬浮物、化学需氧量、石油类、苯并 [*a*] 芘	1	污水处理站出水口采样	如外排，监测 1 次	现场检测，并作污水收集量记录
大气环境监测	场区及周边	VOCs（以非甲烷总烃计）、颗粒物、苯、二甲苯、苯并 [*a*] 芘、臭气浓度	5	修复区域中心、当季下风向场地边界、边界外环境敏感点、对照点	施工过程中测 1 次	现场检测
	排气筒	VOCs（以非甲烷总烃计）、颗粒物、苯、二甲苯、苯并 [*a*] 芘、臭气浓度	1	尾气处理设备排气筒	施工过程中测 1 次	现场检测
噪声环境监测	场区及周边	等效连续 A 声级	2	场地周边及噪声敏感建筑物附近	施工过程中测 1 次	现场检测
固体废物监测	—	—	—	—	—	记录活性炭更换量、查看转运联单

图 8-11　现场采样

8.4.3.4 样品分析检测方法

采用 GB 36600、HJ/T 166、GB/T 14848 等标准制定检测方法，对土壤、废气、废水、噪声等样品进行检测，具体检测方法见表 8-15。

表 8-15 技术验证评价样品检测方法

<table>
<tr><th>样品类别</th><th colspan="2">分析参数</th><th>分析方法</th><th>方法来源</th></tr>
<tr><td rowspan="2">土壤样品</td><td colspan="2">苯</td><td>HJ 605—2011</td><td>GB 36600、HJ/T 166—2004</td></tr>
<tr><td colspan="2">苯并 [a] 芘</td><td>HJ 834—2017</td><td>GB 36600、HJ/T 166—2004</td></tr>
<tr><td rowspan="8">大气样品</td><td colspan="2" rowspan="2">VOCs（非甲烷总烃）</td><td>HJ 604—2017</td><td>《环境空气　总烃、甲烷和非甲烷总烃的测定　直接进样－气相色谱法》</td></tr>
<tr><td>HJ 38—2017</td><td>《固定污染源废气　总烃、甲烷和非甲烷总烃的测定　气相色谱法》</td></tr>
<tr><td colspan="2" rowspan="2">颗粒物</td><td>GB/T 16157—1996</td><td>《固定污染源排气中颗粒物测定与气态污染物采样方法》</td></tr>
<tr><td>HJ 836—2017</td><td>《固定污染源废气　低浓度颗粒物的测定　重量法》</td></tr>
<tr><td rowspan="4">有组织排放恶臭污染物</td><td>苯</td><td>HJ 584—2010</td><td>《环境空气苯系物的测定　活性炭吸附/二硫化碳解析－气相色谱法》《空气和废气监测分析方法》（第四版）</td></tr>
<tr><td>二甲苯</td><td>HJ 644—2013</td><td>《活性炭吸附二硫化碳解吸气相色谱法/热脱附进样气相色谱法》</td></tr>
<tr><td>苯并 [a] 芘</td><td>HJ/T 40—1999</td><td>《固定污染源排气中苯并 [a] 芘的测定　高效液相色谱法》</td></tr>
<tr><td>臭气浓度</td><td>GB/T 14675—1993</td><td>《空气质量　恶臭的测定　三点比较式臭袋法》</td></tr>
<tr><td rowspan="9">废水样品</td><td colspan="2">pH</td><td>HJ 1147—2020</td><td>HJ 164—2020</td></tr>
<tr><td colspan="2">色度</td><td>GB/T 11903—1989</td><td>HJ 164—2020</td></tr>
<tr><td colspan="2">悬浮物</td><td>GB/T 11901—1989</td><td>HJ 164—2020</td></tr>
<tr><td colspan="2">BOD_5</td><td>HJ 505—2009</td><td>HJ 164—2020</td></tr>
<tr><td colspan="2">COD</td><td>HJ 828—2017</td><td>HJ 164—2020</td></tr>
<tr><td colspan="2">氨氮</td><td>HJ 535—2009</td><td>HJ 164—2020</td></tr>
<tr><td colspan="2">苯</td><td>HJ 639—2012</td><td>HJ 164—2020</td></tr>
<tr><td colspan="2">石油类</td><td>HJ 970—2018</td><td>HJ 164—2020</td></tr>
<tr><td colspan="2">苯并 [a] 芘</td><td>US EPA 8270E—2018</td><td>HJ 164—2020</td></tr>
<tr><td>噪声样品</td><td colspan="2">—</td><td>GB 3096—2008</td><td>《声环境质量标准》</td></tr>
</table>

8.4.4 检测结果的分析与评价

8.4.4.1 环境效果综合评价

8.4.4.1.1 土壤修复环境效果评价

根据前述采样布点方法，共计采集土壤样品 28 个，分析检测指标为苯并 [a]

蒽、苯并 [*b*] 荧蒽、苯并 [*a*] 芘、茚并 [1, 2, 3-*cd*] 芘、二苯并 [*a*, *h*] 蒽 5 种污染物。分析检测结果如图 8-12 所示。结果表明，土壤修复完成后，5 种污染物浓度均达到了地块预定的修复目标值。

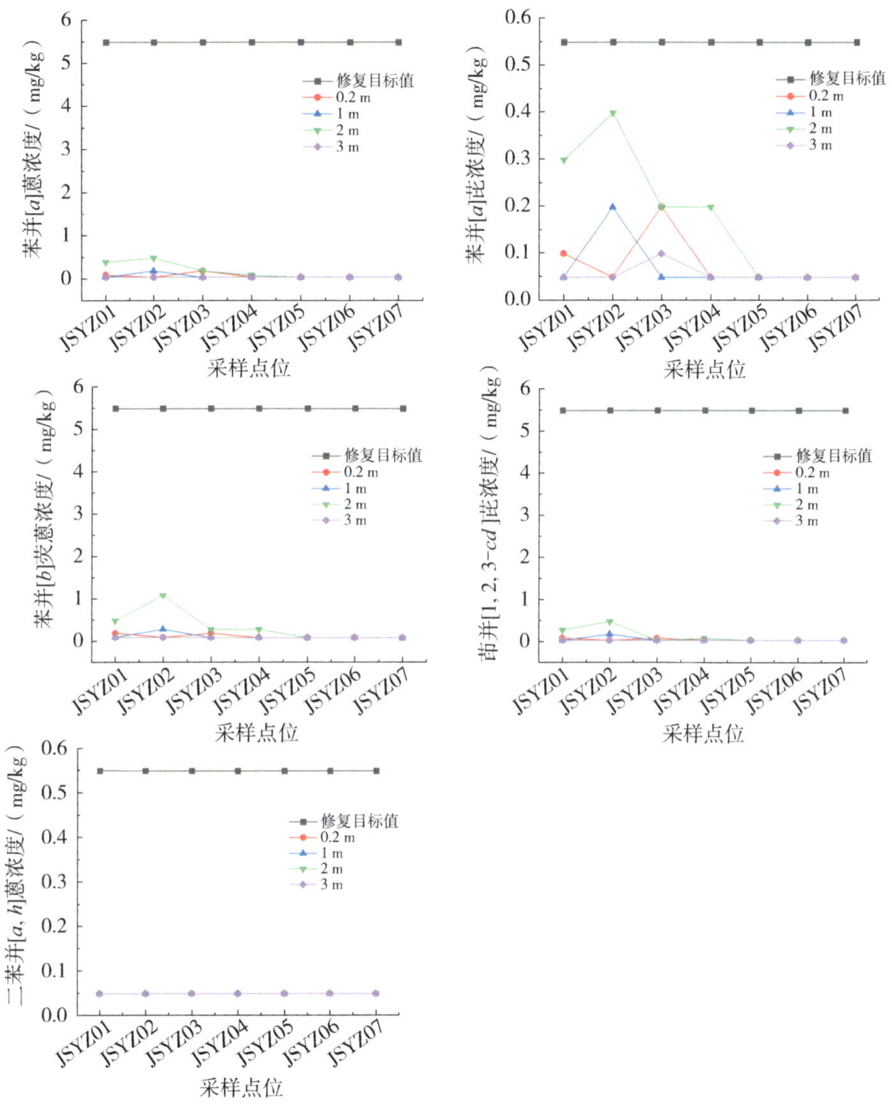

图 8-12　修复完成后不同土壤深度目标污染物的达标情况

为了考察本验证技术是否对周边土壤造成二次污染，基于 ETV 检测方案设计，在验证地块的周边 1 m 外还布设了 5 个点位，在整个系统运行前和运行结束后分别采样进行检测，共采集土壤样品 10 个。分析检测指标为苯并 [*a*] 蒽、苯并 [*b*] 荧蒽、苯并 [*a*] 芘、茚并 [1, 2, 3-*cd*] 芘、二苯并 [*a*, *h*] 蒽 5 个指标。分析检测结果如图 8-13 所示。检测结果表明，系统运行前，个别点位存在一定的污染情况，但修复结束后，目标污染物均达到了一类用地的筛选值目标要求。也就是说，原位热脱附－水平井－化学氧化耦合修复技术不仅未造成周边土壤的二次污染，而且对周边土壤污染具有一定的改善效果。初步分析，可能是在施工过程中，采取了边界处减少蒸汽注射、加强气相抽提与药剂注射等施工经验，使二次污染得到了有效控制。

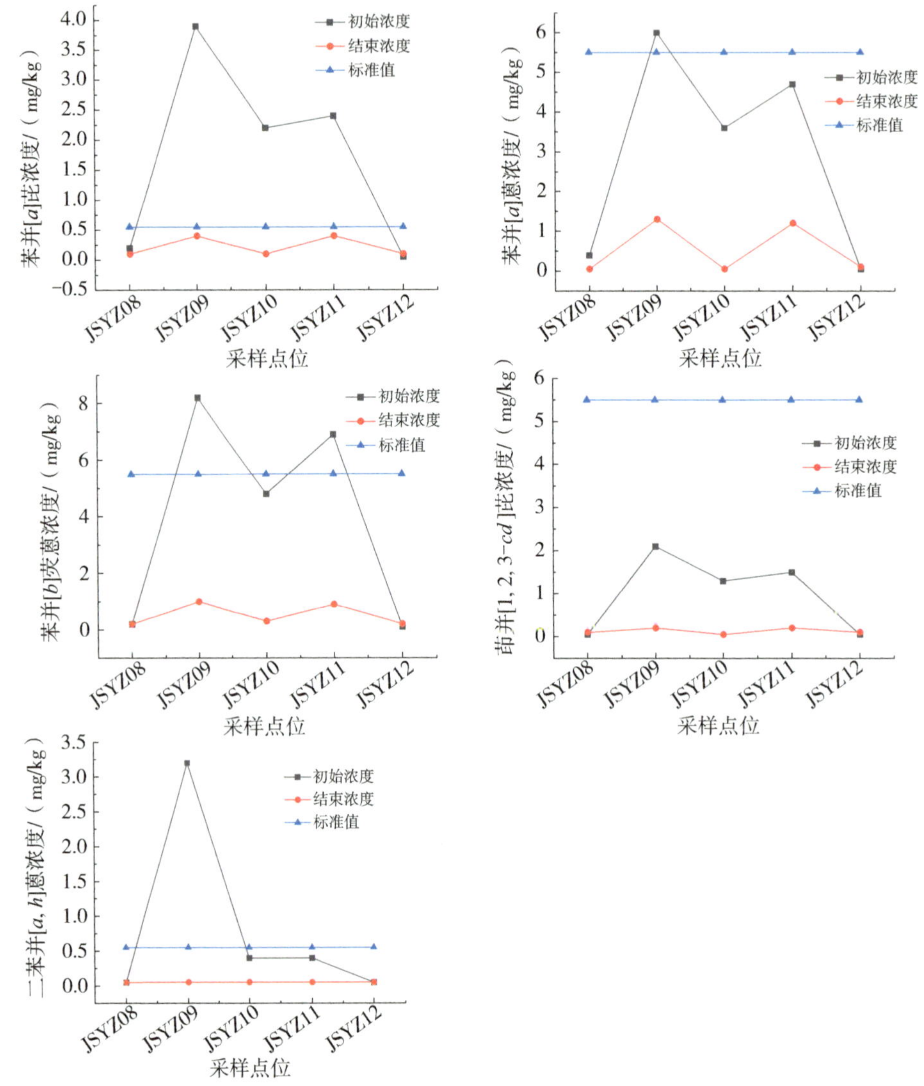

图 8-13　修复地块周边土壤目标污染物浓度变化情况

8.4.4.1.2　绿色性效果评价

（1）废气排放的评价

针对验证技术现场废气排口的大气污染物排放情况，连续进行了 3 批次样品采集及检测，每批次分别检测 VOCs（以非甲烷总烃计）、颗粒物、苯、二甲苯、苯并 [*a*] 芘等污染物的浓度和排放速率以及臭气浓度。检测结果见表 8-16。由表可知，

表 8-16　现场废气排口监测结果

监测次数或排放限值	颗粒物		苯		二甲苯		VOCs（非甲烷总烃）		苯并 [a] 芘		臭气
	质量浓度 /（mg/m^3）	排放速率 /（kg/h）	质量浓度 /（mg/m^3）	排放速率 /（kg/h）	质量浓度 /（mg/m^3）	排放速率 /（kg/h）	质量浓度 /（mg/m^3）	排放速率 /（kg/h）	质量浓度 /（mg/m^3）	排放速率 /（kg/h）	浓度 *（无量纲）
第 1 次	6.2	2.44×10^{-2}	1.8×10^{-3}L	$<7.09 \times 10^{-6}$	1.8×10^{-3}L	$<7.09 \times 10^{-6}$	1	4.16×10^{-3}	19	7.90×10^{-5}	54
第 2 次	7.8	3.05×10^{-2}	1.8×10^{-3}L	$<7.04 \times 10^{-6}$	1.8×10^{-3}L	$<7.04 \times 10^{-6}$	1.02	4.24×10^{-3}	12	4.99×10^{-5}	97
第 3 次	5.3	2.08×10^{-2}	1.8×10^{-3}L	$<7.05 \times 10^{-6}$	1.8×10^{-3}L	$<7.05 \times 10^{-6}$	0.87	3.62×10^{-3}	11	4.57×10^{-5}	72
第 4 次	6.4	2.51×10^{-2}	1.8×10^{-3}L	$<7.06 \times 10^{-6}$	1.8×10^{-3}L	$<7.06 \times 10^{-6}$	0.96	3.99×10^{-3}	14	5.82×10^{-5}	74
排放限值	120	3.5	12	0.5	70	1	120	10	300	0.050×10^{-3}	2 000

在原位热脱附－水平井－化学氧化耦合修复技术的应用过程中，有组织排放大气污染物中 VOCs（以非甲烷总烃计）、颗粒物、苯、二甲苯、苯并 [*a*] 芘排放质量浓度及排放速率均低于《大气污染物综合排放标准》相关排放限值要求，臭气浓度低于《恶臭污染物排放标准》中相关排放限值，工艺废气均可达标排放。

针对验证技术现场无组织排放废气，根据相关规定要求以及周边敏感点识别情况，在验证场地边界上风向、下风向、验证区域中心以及周边敏感点，共设置了 5 个监测点位，并连续检测了 4 批次，分别检测 VOCs（以非甲烷总烃计）、颗粒物、苯并 [*a*] 芘、苯和二甲苯污染物的排放质量分数。无组织排放检测结果见表 8-17。由表 8-17 可知，验证技术应用过程中，厂界和周边敏感点大气污染物 VOCs（以非甲烷总烃计）、颗粒物、苯并 [*a*] 芘、苯和二甲苯无组织排放的排放质量浓度均低于《大气污染物综合排放标准》相关限值要求，臭气浓度低于《恶臭污染物排放标准》中相关排放限值。

表 8-17　无组织排放废气监测结果

采样地点	颗粒物 /（mg/m^3）	VOCs（非甲烷总烃）/（mg/m^3）	苯并 [*a*] 芘 /（mg/m^3）	苯 /（mg/m^3）	二甲苯 /（mg/m^3）	臭气浓度（无量纲）
1#：修复区域技术验证中心	0.352	0.32	ND	1.5×10^{-3}L	1.5×10^{-3}L	15
2#：裕峰花园	0.302	0.25	ND	1.5×10^{-3}L	1.5×10^{-3}L	＜10
3#：公园美地小区	0.434	0.32	ND	1.5×10^{-3}L	1.5×10^{-3}L	＜10
4#：项目场地边界下风向	0.517	0.44	ND	1.5×10^{-3}L	1.5×10^{-3}L	＜10
5#：项目场地边界上风向	0.417	0.28	ND	1.5×10^{-3}L	1.5×10^{-3}L	18

（2）废水排放的评价

针对验证技术现场产生废水的情况，在设备排口进行了连续三批次样品采集及检测，其中，pH 的检测结果为 7.1～7.2，满足 6～9 的限值范围要求。废水中污染物检测指标包括化学需氧量、石油类、悬浮物和苯并 [*a*] 芘，具体检测结果见表 8-18。废水污染物检测结果表明，在原位热脱附－水平井－化学氧化耦合修复技术应用过程中，废水中污染物排放质量浓度满足《污水综合排放标准》中三级标准的相关要求。对设备废水排口进行废水排放量检测，结果显示，每批次处理产生废水量约 5 m^3。

表 8-18　废水监测结果

监测次数或排放限值	pH	悬浮物 /（mg/L）	化学需氧量 /（mg/L）	石油类 /（mg/L）	苯并 [a] 芘 /（μg/L）
第 1 次	7.1	8	26	0.21	0.004 L
第 2 次	7.2	6	32	0.2	0.004 L
第 3 次	7.1	7	28	0.2	0.004 L
排放限值	6～9	400	500	20	0.03

（3）噪声排放的评价

针对示范场地现场情况，在示范场地南侧边界处和周边敏感点处进行噪声检测。检测结果见表 8-19。该表的数据表明，在原位热脱附 - 水平井 - 化学氧化耦合修复技术应用过程中，验证场地南侧边界处及周边敏感点裕峰花园处，噪声检测结果均低于《工业企业厂界环境噪声排放标准》中 4 类功能区昼间噪声限值 70 dB 和夜间噪声限值 55 dB。

表 8-19　噪声监测结果　　单位：dB

监测点位	昼间		夜间	
	实测值	排放限值	实测值	排放限值
1#：场地南侧边界	57.0	70	53.3	55
2#：裕峰花园	52.6	70	43.7	55

注：监测时昼间风速：1.4 m/s，风向 30°；夜间风速：1.0 m/s，风向：60°；天气状况：多云。检测时间：2021 年 9 月 26 日。

（4）固体废物污染产生与控制

原位热脱附 - 水平井 - 化学氧化耦合修复技术修复过程中产生的固体废物主要为废活性炭，共约 3.5 t（未吸附饱和）。

8.4.4.2　工艺运行结果评价

该耦合技术可根据污染类型分阶段实施，其中，第一阶段组合应用热传导加热与土壤气相抽提技术，实现土壤中挥发性有机污染物的去除；第二阶段组合应用蒸汽加热与原位化学氧化，在土壤快速、均质升温后，实现高效热激活化学氧化。根据实际运行参数记录，并结合验证地块污染状况，该耦合技术在此地块的应用主要集中于第二阶段，即组合应用蒸汽加热和原位化学氧化。在土壤快速、均质升温后，实现高效热激活化学氧化。

根据实际运行记录参数，在原位蒸汽加热强化抽提阶段，通过蒸汽发生器产生高温蒸汽，经水平注入井注入土壤中。当蒸汽注入运行 20 h 后，周边土体升温至 50～80℃，蒸汽扩散影响半径达到 1.8 m；停止蒸汽注入 3～5 d 后，土壤温度稳定在 40～50℃，为后续氧化药剂的热激活氧化提供了有力保障。然后，通过原位注入系统向土壤中注入过硫酸钠溶液，设计药剂投加比为 1%～2%。注射完毕后，养护两周。随后，对土壤中目标污染物进行检测分析，结果显示，土壤中污染物浓度均达到地块修复目标值。

8.4.4.3 维护管理结果评价

（1）处理规模

本验证评价案例所采用的原位热脱附 – 水平井 – 化学氧化修复系统，单批次可处理 2 100 m^3 污染土壤，单批次处理周期为 3 个月。

（2）资源能源消耗

原位热脱附 – 水平井 – 化学氧化修复系统运行过程中，需消耗水、电、燃气、氧化药剂等资源或能源。因此，对其资源能源消耗量进行核算。经核算，该技术处理 1 m^3 污染土壤的耗水量为 0.25 t，耗电量为 19 kW · h，耗气量为 9.4 m^3，过硫酸钠氧化药剂消耗量为 18 kg。处理 1 m^3 污染土壤的资源能源消耗成本约为 270 元。以上核算结果表明，该耦合技术具有资源能源消耗较少、处理成本较低的特点。

8.4.4.4 技术验证评价主要结论

在前面工作的基础上，通过分析与评价，针对焦化污染地块采取的原位热脱附 – 水平井 – 化学氧化耦合修复技术进行了科学、客观、公正的评价。通过本案例研究，表明 4.3 节研究建立的焦化污染地块修复技术验证评价方法体系是合理、可行的，具有较好的针对性和可操作性。

本技术验证评价结果表明，该技术针对焦化污染地块出现的代表性土壤污染物，包括苯并 [*a*] 芘、苯并 [*a*] 蒽、苯并 [*b*] 荧蒽、茚并 [1, 2, 3-*cd*] 芘、二苯并 [*a*, *h*] 蒽等，PAHs 的修复效果均能达到预定的土壤修复目标值。修复过程中产生的废气、废水、噪声等污染物排放浓度均低于相应的污染物排放标准的限值，不会对周边环境产生新的二次污染，体现出该示范技术的绿色性。同时经核算，采用原位热脱附 – 水平井 – 化学氧化耦合修复技术，每处理 1 m^3 污染土壤，约产生 2.5 kg 废活性炭（未吸附饱和）；处理 1 m^3 污染土壤耗水量为 0.25 t，耗电量为 19 kW · h，耗气量为 9.4 m^3，氧化药剂消耗量为 18 kg。经过折算计算后，处理 1 m^3 污染土壤的资源能源消耗成本约为 270 元，资源能源消耗较少，修复成本较低。

综上所述，原位热脱附 - 水平井 - 化学氧化耦合修复技术是一种切实有效的焦化污染地块修复组合技术，可应用于京津冀地区焦化污染地块，尤其是针对水平方向扩散范围广或者建构筑物下方污染修复或风险管控具有一定优势，为我国京津冀地区焦化污染地块的修复或者风险管控提供一定的技术储备。本技术验证评价将有效助力该技术的推广应用。

8.5　环境技术验证评价发展展望

我国存在大量的钢铁厂、焦化类污染地块，是污染地块环境管理的重点和难点。据不完全统计，钢铁与焦化类型污染地块数量（含在产和遗留地块）达千余块，对污染地块修复或风险管控技术的需求非常强烈。目前，常用的修复技术仍局限于水泥窑协同处置技术、热脱附技术以及化学氧化技术。由于缺乏科学、客观、公正的新技术验证评价方法，土壤修复新技术推广应用面临一定的"瓶颈"问题。

基于课题研究成果，课题组编制完成了《焦化污染地块修复技术验证评价技术规范》（T/CPCIF 0197—2022）。该规范构建了我国焦化污染地块土壤修复领域技术验证评价指标体系，提出了现场测试要求、验证评价方法等关键技术要求，填补了技术验证评价方法在土壤修复领域中的应用空白，为土壤修复领域新技术提供了科学、客观的评价方法，将推动我国土壤修复行业的发展，筛选出绿色低碳可行的土壤修复或风险管控新技术或组合技术。为了进一步发挥技术验证评价对土壤修复行业的推动作用，提出以下几点建议。

（1）加强宣传力度，增强业内对技术验证评价的认可度

目前，行业内对技术验证评价的认知度较低，建议依托生态环境部环境规划院以及中国环境科学学会等优质平台，加强对焦化污染地块技术验证评价成果的宣传，进一步扩大行业内对技术验证评价结果的认知和认可程度。将技术验证评价结果应用至申报国家各级科技奖励、推动科技成果转化技术交易和产业孵化过程，并纳入生态环境部《污染场地修复技术目录》、生态环境部《重点环保实用技术及示范工程》、国家发展改革委《绿色技术推广目录》、工信部《国家鼓励发展的重大环保极少数装备目录》等省部级目录，作为科技成果登记的依据。

（2）建议针对土壤修复领域建立技术验证评价机构名单和专家库

中国环境科学学会目前已经有 30 多家 ETV 联盟成员单位，包括科研院所、高校、分析检测机构、各级环境管理部门等。在 ETV 标准框架下，依托 ETV 联盟成

员单位的技术力量，目前我国开展的技术验证评价案例近30项。土壤污染具有复杂性、隐蔽性和累积性，且土壤修复和风险管控技术具有专业性。为了进一步加强我国技术验证成果的权威性，建议针对土壤修复领域建立技术验证评价机构名单，设定评价机构准入门槛，在名单内的机构方能作为第三方机构开展技术验证评价工作。同时，由于土壤修复是专业性与经验性并重的领域，有丰富实操经验的专家在技术验证评价工作中能起到举足轻重的作用。建议针对土壤修复领域，建立技术验证评价专家库。

（3）以焦化污染地块修复技术为突破口，进一步推动技术验证评价的市场化

由于焦化污染地块的典型性和复杂性，在土壤修复领域，建议以焦化污染地块修复或风险管控技术为突破口，在《焦化污染地块修复技术验证评价规范》（T/CPCIF 0197—2022）的支撑下，选择典型的、具有市场化前景的土壤修复或风险管控新技术进行技术验证评价示范试点，推动建立技术验证评价市场化机制。

参考文献

[1] 陈梦舫．我国工业污染场地土壤与地下水重金属修复技术综述 [J]. 中国科学院院刊，2014，29(3)：327-335.

[2] 楼春，钟茜．焦化厂场地土壤污染分布特征分析 [J]. 中国资源综合利用，2019，37(4)：177-179.

[3] 刘平，王睿，韩佳慧，等．我国环境技术验证评价制度建设探析 [J]. 环境保护科学，2014，40(2)：86-89.

[4] 冯钦忠，陈扬，刘俐媛，等．医疗废物高温干热处理技术应用案例研究 [J]. 环境工程，2017，35(增)：438-443.

[5] 刘平，邵世云，王睿，等．环境技术验证评价体系研究与案例应用 [J]. 中国环境科学，2014，34(8)：2161-2166.

[6] 杨颖显，王文冬．环境技术验证 (ETV) 研究 [J]. 黑龙江科技信息，2013(27)：99.

[7] 中国环境科学学会．国内首例ETV验证案例完成：水蚯蚓原位消解污泥技术 [EB/OL]. [2013-04-15]. http://www.chinacses.org/zxpj/jsyz/gzdt_153/201304/t20130415_633891.shtml.

[8] 曹云霄，陈伟星，于晓东，等．环境技术验证在医疗废物消毒处理领域的应用——以摩擦热处理技术为例 [J]. 环境工程学报，2021，15(9)：2985-2995.

[9] 中国石油和化学工业联合会 . 关于批准发布《绿色设计产品评价技术规范氯化聚乙烯》等 14 项团体标准的公告（2022 年第 2 号）[EB/OL]. [2022-04-14].

[10] Azizan N A, Kamaruddin S A, Chelliapan S. Steam-enhanced Extraction Experiments, Simulations and Field Studies for Dense Non-aqueous Phase Liquid Removal: A Review[J]. MATEC Web of Conferences, 2016, 47: 05012.

[11] 王澎，王峰，陈素云，等 . 土壤气相抽提技术在修复污染场地中的工程应用 [J]. 环境工程，2011，29(S1)：171-174.

[12] Chen L W, Hua X, Cai T, et al. Degradation of Triclosan in Soils by Thermally Activated Persulfate under Conditions Representative of In-situ Chemical Oxidation (ISCO) [J]. Chemical Engineering Journal, 2019, 369: 344-352.

[13] 陈星，宋昕，吕正勇，等 . PAHs 污染土壤的热修复可行性 [J]. 环境工程学报，2018，12(10)：2833-2844.

[14] Stroo H F, Leeson A, Marqusee J A, et al. Chlorinated Ethene Source Remediation: Lessons Learned[J]. Environmental Science & Technology, 2012, 46(12): 6438-6447.

[15] EPA. Horizontal Remediation Wells [EB/OL].[2020-06-16]. http://clu-in.org / techfocus /default.focus/sec/horizontal_remediation_wells/cat/overview/.

[16] 国家市场监督管理总局，国家标准化管理委员会 . 环境管理 环境技术验证：GB/T 24034—2019[S]. 北京：中国标准出版社，2019.

[17] 生态环境部 . 污染地块风险管控与土壤修复效果评估技术导则（试行）：HJ 25.5—2018[S]. 2018.

[18] 生态环境部 . 土壤环境质量　建设用地土壤污染风险管控标准（试行）：GB 36600—2018[S]. 北京：中国环境出版社，2018.

[19] 环境保护部 . 土壤环境监测技术规范：HJ/T 166—2004[S]. 北京：中国环境出版社，2004.

[20] 生态环境部 . 地下水质量标准：GB/T 14848—2017[S]. 北京：中国环境出版社，2017.

[21] 国家环境保护局. 大气污染物综合排放标准：GB 16297—1996[EB/OL]. [1997-01-01]. https://www.mee.gov.cn/ywgz/fgbz/bz/bzwb/dqhjbh/dqgdwrywrwpfbz/199701/t19970101_67504.shtml.

[22] 国家环境保护局，国家技术监督局 . 恶臭污染物排放标准：GB 14554—1994 [EB/OL]. [1994-01-15]. http://www.mee.gov.cn/ywgz/fgbz/bz/bzwb/dqhjbh/

dqgdwrywrwpfbz/199401/t19940115_67548.shtml.

[23] 国家环境保护局. 污水综合排放标准：GB 8978—1996[EB/OL]. [1998-01-01]. https：//www.mee.gov.cn/ywgz/fgbz/bz/bzwb/shjbh/swrwpfbz/199801/t19980101_66568.shtml.

[24] 环境保护部，国家质量监督检验检疫总局. 工业企业厂界环境噪声排放标准：GB 12348—2008[S]. 北京：中国环境出版社，2008.

第 9 章　集成技术推广应用的政策建议

目前，已有的土壤修复技术达到 100 多种，常用技术也有 10 多种。把场地修复技术进行推广应用，转化为实际的生产力，对污染场地再利用或者安全利用，改善土壤环境质量和保护生态环境具有重要作用。场地修复技术的推广应用已经成为污染土壤修复领域的热点和难点，但是在技术推广方面，存在技术、政策、资金等方面的限制因素。因此，亟须根据前期总结的技术推广中存在的具体问题，结合焦化场地污染、修复技术和风险管控特征，借鉴大气、水污染防治等环保集成技术示范推广方面成功案例的经验，进一步分析我国在今后一段时期内的生态环境管理要求、城市建设对污染场地再利用的需求、群众对土地健康的认识水平和相应要求，以及土壤修复技术的发展水平。本书从环境管理要求、环境管理能力和水平的提升、对从业人员和人民群众的宣传教育、技术推广平台和体系的建设、对应用新技术的责任主体和治理企业的金融税收政策和招投标优惠条件、对地方政府的考核力度等方面，总结提出未来 3～5 年焦化场地示范技术推广应用方面的政策建议。

9.1　环保集成技术示范推广方面的成功案例

9.1.1　大气污染成因与控制技术研究重点专项

（1）“排污许可证管理政策与支撑技术研究”（2016ZY01002975）

提出全面系统的排污许可证顶层设计方案和基于排污许可证的大气环境管理制度建议方案，建立基于环境质量与 BAT 的排污许可限值核定技术方法体系，填补我国排污许可的立法和法律保障空白，开发具有自主知识产权的排污许可管理信息和大数据应用平台。

解决六大关键技术。一是解决中国排污许可证的顶层设计问题，提出今后 5～10 年的实施路线图；二是解决排污许可与环境影响评价、总量控制、标准等现有环保制度的衔接关系；三是解决排污许可的若干法律障碍问题，并将其通过立法的形式固化、强化；四是解决科学、合理、可行的排污许可量和排放量核定与管理技术；五是解决排污许可管理信息平台关键技术和大数据分析技术；六是解决排污单位自行监测数据质量控制技术、核查监管技术。

实现四个方面创新。一是首次全面系统设计我国排污许可证顶层方案和实施路线图，研究提出基于排污许可证的大气环境管理制度改革方案；二是系统建立基于环境质量与BAT的排污许可限值核定技术方法，使环境质量改善要求在微观层面落实到具体排放源；三是填补我国排污许可的国家立法和法律保障空白，处理排污许可与环境影响评价、总量控制、“三同时”、污染源监测等现有环境管理制度的衔接关系并将其通过立法的形式固化、强化；四是首次开发集“许可申报—排污权核定—数据审核—排放跟踪—总量预警”的全“生产”周期“数据汇集—大数据分析—数据服务—信息发布”于一体的排污许可管理信息平台和大数据平台。

（2）“大气环保产业园创新创业政策机制试点研究”（2016YFC0209100）

解决污染防治技术评价、商业模式创新示范、园区建设顶层规划和政策设计等方面存在的问题，研究目标分成三个层次：首先，针对我国技术成果转化导向的大气污染防治技术评价机制缺失的问题，开展技术评价方法、标准研究；综合考虑技术研发阶段和产业转化阶段两个发展维度，构建社会化、市场化技术评价服务模式，开展大气污染防治技术评价实践。其次，结合大气污染防治重点领域、实用技术及典型企业，深入剖析相应的商业化模式，明确模式的分类、路径、重点环节和评估体系，推动大气领域技术商业化创新示范；提出大气环保产业集聚区技术创新链优化建议，打通大气环保产业集聚区创意设计 - 关键材料 - 核心组件 - 集成技术 - 智能控制 - 专业装备贯通式的研发路径；提出市场机制下园区促进创新创业的关键政策与联动实施机制，实现创新链与产业链有机协同的“双链”融合，提高创新创业效率。最后，依托浙江诸暨、江苏宜兴环保产业园，打造技术创新及产业化服务平台，建设大气环保产业创新创业基地，以香河环保产业园、环境服务业华南集聚区等处于不同发展阶段的环保产业园为案例，研究产业园区发展政策需求，推动规模化大气环保产业园发展。

9.1.2 污染控制与治理科技重大专项

（1）“农村水污染控制机制与政策示范研究”课题（2009ZX07632-002）

针对当前农村水污染控制管理中存在的突出问题，从体制架构、机制运行与政策保障等方面对农村水污染管理进行了研究，初步构建了农村水污染管控机制与政策框架。

提出了农村水污染控制体制架构。以“统分相宜、上协下强、提升效能”为核心思路，以县级以上机构协同配合机制构建和县级以下机构建设与职能培植为重点，建立以农村水污染控制管理综合协调机构为统领，以环保、农业、水利、林业、建设、国土部门等为骨架，以乡镇为支撑，自治组织、机构为补充的农村水污染控制管理体制架构。整合明晰了环保、农业、水利、建设、国土等相关部门职能，拟定了乡镇组织在农村水污染控制中的职能，提出了非政府组织、新闻媒体在农村水污染控制中的参与监督功能。

创新了农村水污染控制运行机制。从决策与协调、执行与落实、监督与参与三个层次进一步完善了农村水污染控制管理运行机制。在决策与协调中，提出了决策咨询制、重大事项决策集中制、多部门联席会议制、协调小组制等机制，在执行与落实中提出了工作目标责任制、分级负责制、上下联动制、河长制等机制；在监督与参与中，提出了日常运行巡查制、绩效考评制、行政问责制、通报举报制、公众参与等机制。在这些机制中，重点完善了绩效考评及行政问责机制。绩效考评机制从考评对象、考评内容、考评方式、组织实施和考评指标五个方面对农村水污染控制的绩效考评进行了规范。其中，考评内容从控制管理能力建设、运行机制建立、工作履行、公众参与和实际控制效果五个方面设计了 56 项可选指标。将农村水环境管理过程中不履行、不正确履行农村水环境管理职能的行政人员作为问责对象，从行政决策与行政立法、行政许可、监督检查等方面细化了农村水环境管理中的问责事项，提出了一套针对农村水环境管理具体情况的问责程序，为农村水污染控制责任追究制度的完善提供了有益参考。

完善了农村水污染控制的政策与制度。农村水环境管理分区分类管理方略——针对全国农村水环境管理“一刀切”的管理方式，提出了分区分类管理方略。在全国划分 6 个农村水环境管理区，并制定分区管理方案：东北控制区——秸秆、畜禽粪便收集综合利用和处理的产业机构扶持政策，“三品”基地建设和有机肥生产施用的补贴政策；西北控制区——制定节水灌溉方略，推行低投入、长效性的农村生活污水分散处理技术模式，结合生态移民工程，实施农村“以奖促治”政策；黄淮海控制区——强化饮用水水源地农村环境综合管理，实施农药化肥综合控制激励及绩效考核政策，针对养殖场，实施网格化严格的环境监管措施；长江中下游控制区——实施严格的环境准入政策，推动专业化环保服务机构建设，实行农田水网地区农村环境集中连片整治，加快环境技术管理体系建设；东南控制区——实施坡耕地农药化肥治理，建设山地型河流农业面源缓冲设施，实施试点地区排污收费制度，实施规模化养殖场（小区）总量减排政策，开展整乡推进、整县推进的农村环境综合整治工作；青藏高原控制区——实施“以地定畜”的源头管控政策，针对游牧区的养殖废弃物，综合利用环境技术政策，实施针对旅游景区周边农村地区的

“以奖促治”政策。

以补贴引导为主的农业清洁生产激励政策。提出了农业废弃物循环利用激励政策，明确了中央及地方政府为补贴主体的职责、相关企业及农户为补贴对象的责任，提出了补贴的四类标准及补贴方案。建立了种植业清洁生产补贴方案，明确了中央及地方政府作为补贴主体的职责，参与并采纳农业生产技术的相关企业及农户作为补贴对象；确定了补贴应遵循的原则；构建了多层累进式的种植业清洁生产补贴方案；确定了实施农业清洁生产不同损益条件下，农户、政府及保险公司等应承担的责任和义务；提出了畜禽清洁养殖圈建设环节，清洁生产的补贴关键环节、补贴方法及标准。

农村生活水污染控制的制度及政策组合主要包括五个方面：科技入户制度；农村生活废水及垃圾处理生态补偿及投融资机制；宣传教育制度，公众参与制度；构建监督运行机制及绩效考核机制；推进分区分类治理、规划先行制度。

（2）“水环境管理体制机制改革与试点示范研究”课题（2009ZX07632-001）

研究以提高水环境管理效能和水专项示范区域水质改善目标为导向，围绕构建水环境管理决策技术平台、理顺水环境管理“生产关系”、提高水环境管理政策“生产力”三大支撑，明确国家中长期水污染控制路线图，提出水环境管理体制创新、制度创新、政策创新主要方向，改进和完善水污染控制管理机制，增强市场经济手段在水污染控制中的作用，明确政府、企业在水环境保护中的责任，提高水污染控制的投入和效率，强化监督管理和政策执行能力，提高经济政策的实施效果和执行效率，为实现水专项“示范区”水质改善和国家水污染防治目标提供长效管理体制和政策机制。

针对水污染防治工作中涉及的决策支持、体制机制、环境政策问题，选择太湖流域、辽河流域和苏州市作为研究示范区，从流域、河流、城市水环境管理制度设计及水资源配置、污水处理到环境资源配置等各个环节，研究适用于我国经济社会特点的财政、税收、价格、投资、处罚、补偿和信息公开等水环境管理政策体系，为流域水污染控制目标的实现提供经济技术保障。主要开展水环境保护战略决策、水环境管理制度设计、流域水污染防治投融资政策、流域水污染防治的价格与税费政策、排污许可证制度、跨界污染协同管理、流域水污染赔偿和生态补偿设计、水污染防治的公众参与和信息公开制度、流域农业面源污染防治政策法规体系、城市水污染治理基础设施建设与产业发展政策、饮用水安全保障管理政策体系等研究。

（3）“辽河流域水专项技术成果推广与产业化”

探索建立辽河流域产业化创新机制，搭建“线上模块创新 + 线下实体助推 + 长效运行保障”的水专项成果转化与产业化推广平台。

项目借助水专项技术优势，构建了“政府引导—需求拉动—龙头带动—平台驱动”的辽河流域产业化推广模式，搭建了“线上模块创新 + 线下实体助推 + 长效运行保障”的辐射东北地区的水专项成果转化与产业化推广平台。线上展示平台创新性地提出“网上环博会”理念与构架，线下实体平台打造环保产业集聚区。项目针对传统村镇污水处理一体化设备功能单一，在水质水量波动大的情况下运行差的不足，形成了 3 阶“1+N”互联网 + 村镇污水处理整装成套设备，建立了基于互联网技术的村镇污水处理“1+N”管控体系，实现了高寒地区农村生活污水处理设施智慧化运营。借助推广平台建设，水专项技术成果得到高效、高质转化与推广，在辽河流域总体实现市场覆盖率 72% 以上。

9.1.3　生态修复案例分析

沙利文矿场（Sullivan Mine）案例：沙利文铅锌矿位于加拿大不列颠哥伦比亚省的金伯利，曾经是世界级的大型矿山，是世界上最大的锌、铅、银产地之一，也是加拿大最大的地下矿之一。从 1909 年开始生产至 2001 年停产，连续生产了 92 年。经过 92 年的开采，沙利文矿场有了长达 483 km 的地下隧道和 64 km 的巷道，开采出了约 1.5 亿 t 矿石。其中的 2 600 万 t 精矿，产生了价值大约 350 亿美元的铅、锌和银；而更多的是 1 000 万 t 的废石和 1.2 亿 t 的尾矿，构成了危害环境的主要原因之一。在沙利文矿区，主要的生态问题有两个，一是由于矿石中硫与铁的含量高，酸性岩排水系统（硫化物氧化）以及矿场巷道、废石场与尾矿积水对地表水和地下水的影响；二是巨大的尾矿区对植被的破坏，以及随之而来的生物多样性的降低。显然在矿场投产初期，几乎没有人意识到这些生态问题的存在，直到 20 世纪 60 年代，才有所反应，开始减少废水排放量。1979 年建造了一个水处理厂，将流往酸性废石堆的溪流改道，把酸性废石堆排出的废水与井下废水、尾矿水一起加以处理，这是加拿大第一座此类型的水处理厂。最重要的改变发生在 20 世纪 90 年代，拥有矿山的企业制订了详细的生态修复计划，开始在裸露的废石场上恢复植被。到 2010 年，生态修复完成。今天人们看见的是，光秃裸露的尾矿区已变成茂盛的草甸，大队的驼鹿在那里不时出没。

圣米歇尔环保中心案例：一个成功地将一座城市的“负资产”转化成“正资产”的案例，曾荣获联合国“最适宜人类居住社区国际奖、可持续发展类金奖”；它也出现在 2010 年上海世博会的城市最佳实践区，是加拿大魁北克省蒙特利尔市向世人展示的重要主题。圣米歇尔其实是蒙特利尔市区一片山地的名字，面积不大，约有 2 km^2。早在 1895 年，伴随蒙特利尔成为加拿大的主要海港、铁路中枢、银行中心和工业生产重镇，圣米歇尔就有了当地最大的采石场，开采的石灰石用于烧制水泥，以这样的方式参与当时城市的建设。随着蒙特利尔市城市化进程的加快，城市垃圾逐渐变成一个棘手问题。于是在 1968 年，圣米歇尔的采石场又变成了一个垃圾填埋场，这是当时各大城市处理垃圾问题的常用办法。然而，周围居民很快就知道垃圾填埋场带来的问题比采石场严重得多，不仅各种气味难闻的气体飘散在空中，含有害物质的污水也会直接渗入地下水。在居民的不断抗议及环保组织的多次示威下，1984 年，蒙特利尔市政府接管了这个垃圾填埋场。他们制定了一系列规章，努力将垃圾填埋纳入安全控制范围。不过这种努力是有限的。到 1995 年，在圣米歇尔，陆陆续续地已经在开采石料形成的坑洞里充填了 4 000 万 t 的垃圾，深度达 60 多 m。圣米歇尔成为“北美最大的垃圾填埋场”，被市民视为“蒙特利尔血淋淋的伤疤”。也就在这一年，蒙特利尔市政府下决心对圣米歇尔进行改造。最初的改造主要针对垃圾分解出的混杂着恶臭的沼气，因而先建立了一个将沼气转换成电力的发电厂；在环境有了很大改善后，又建立了一个能够有效收集垃圾废液的污水处理系统，以使垃圾污染降到最低点。在治理的过程中，蒙特利尔市政府对圣米歇尔的未来有了更为积极的愿景，他们要把一个破坏了的环境加以修复，把过去欠下的债变成正资产。所要达到的目标是宏大的：要修复已被破坏的土壤，培育大片的森林绿地；要修建一些教育、休闲和文化活动的设施；要保留这里的历史背景，尤其是它为蒙特利尔建设做出贡献的痕迹——开采石灰岩留下的斑驳岩壁。经过多年的努力，新的圣米歇尔已初具模样，到 2020 年，它已成为一个环保中心、城市公园、市民可以休闲娱乐的地方。

新加坡榜鹅水道公园修复案例：公园分四个功能区——绿色画廊区、休闲娱乐区、遗产保护区和自然湾区；利用生态浮床和栽植红树林的方法净化水体；设置增氧泵和人工喷泉的方式解决水体含氧量偏低的问题。

新加坡碧山宏茂桥公园修复案例：把混凝土大水沟改建成自然河道的同时，融入了雨水管理系统。用新的城市设计手法（水敏感城市设计）来管理雨水和洪水：在枯水期，河道内河滩裸露，为人们提供亲近河流的机会；遇到暴雨时，河道周边的公园绿地也可以成为排水的通道。运用土壤生物工程技术来巩固河岸和防止土壤侵蚀；亲近河流，增强市民环保意识和社区认同感。

多伦多 Corktown Common 公园修复案例：原来是工业棕地；保留工业遗址；在雨水管理方面，通过竖向设计和对塑胶材料的应用，将场地内的雨水排入公园内的湿地系统，并将多余的雨水储存在水箱中，以备日后公园浇灌使用。

Beacon 长码头公园修复案例：公园原来是废弃工业棕地。采取实验性的韧性景观设计策略来解决场地的工业污染、洪涝侵袭以及活动设施缺失的问题；工业遗产与艺术和环境教育相结合。

美国密歇根州港湾高尔夫球场修复案例：服务升级换代主导的矿山生态修复及旅游开发模式。该球场原为废弃工业旧址。水处理（将暴雨排水引入湿地，而非直接冲刷进密歇根湖中）；水泥窑粉尘处理（填埋后，利用深约 46 cm 的黏土层进行覆盖，固定重新堆放的窑灰）。一个游艇码头，通过爆破一个分开 36 hm^2 采石场和密歇根湖的窄石墙通道修建而成；一座 27 洞高尔夫球场，部分球洞下掩埋水泥窑粉尘，球手可以在石灰石和页岩开采后留下的陡峭峡谷间享受击球乐趣；一家度假酒店，建造在原有工厂的旧址上；800 处住宅和度假别墅，其中大部分住宅沿着采石场遗留的人工悬崖修建，自然而然地转变成可欣赏游艇码头和高尔夫球场风光的绝佳宝地。

英国伊甸园修复案例：生态文化利用主导的矿山生态修复及旅游开发模式。英国伊甸园是世界上最大的单体温室，汇集了几乎全球所有的植物，超过 4 500 种、13.5 万棵花草树木在此“安居乐业”。在巨型空间网架结构的温室万博馆里，形成了大自然的生物群落。围绕植物文化而打造，融合高科技手段建设而成，以“人与植物共生共融”为主题，融合科研、产业和旅游价值的植物景观主题公园。园内设“潮湿热带馆”“温暖气候馆”“凉爽气候馆”三大种植馆，以及“大温室”“小温室”两大温室。将当地的黏土废弃物与绿色废弃物堆肥混合，堆肥分解了废弃物质，产生富含营养物质的肥料，通过将这种肥沃物质与可用尘土结合在一起，开发出通过正常地质过程需要百年时间才会形成的肥沃土壤。

茂名市露天矿生态公园修复案例：位于茂名市西北角，占地 10.07 km^2，前身为茂名油页岩开发露天采矿场。2013 年起，关停矿区所有生产活动，通过生态修复，把矿区改造建设成开放式生态公园。本项目重点建设“引水、种树、建馆、修路”四大工程，尽可能利用现有地形及矿区原有环境、设施。引鉴江水修筑近 1 亿 m^3 大型（水库）人工湖，环湖及周边道路改造约 23 km，逐年植树造林约 6 300 亩，建设大型石油文化博物馆。这里景色宜人，是人们休闲运动的好去处。

生态修复能否进行以及成功与否，取决于人类对于自身活动对自然可能产生影响的认识，取决于人们在这些认识基础上的价值判断，更取决于这些认识和价值判断对于公众的意识和行为的引导。首先，从沙利文矿场和圣米歇尔环保中心案例中，我们可以看到非常清晰的历史线索：在 20 世纪 60—70 年代，人们才开始留意人类活动对环境产生的负面影响，也是人类首次关注环境问题的著作《寂静的春天》面世的时期，是环境保护意识觉醒的时期。于是，在沙利文矿场，人们开始注意减少废水的排放，而圣米歇尔成了城市垃圾的填埋之地。到了20世纪80—90年代，随着对环境问题认识的迅速提升，环保组织的力量不断壮大，政府和企业也积极投入治理环境的行列中，对已经产生的污染进行治理。在20世纪90年代以后，人们的行为有了一个重大的飞跃，不再满足于头痛治头、脚痛治脚式的治理，而是有了更为长远的眼光，希望在尊重自然的前提下考虑人类与自然的互动。因此，在沙利文矿场启动了生态修复，在圣米歇尔建设了环保中心。可以说，生态破坏是尚未远离的历史，生态修复则是正在进行的当下。其次，在这两个案例中，公众的环境保护意识以及由此激发的行动是至关重要的，这一点在圣米歇尔很明显，而在沙利文矿场似乎并不明显。但如果你以为，在一个远离城市的大山深处，生态破坏成什么样子、生态修复进行与否并不为世人所关心，那就错了。在公众的环境保护意识觉醒的时代，企业已经认识到，对干净的空气、清洁的水源和没有污染的土地加以保护是自己的责任。一个负责任的企业，不仅要关注提高自己的产量，也要关注承担社会责任；不仅要致力于为股东谋利益，也要致力于更好地保护自然环境。此外，社会公众的积极参与形成了对企业环境保护动态的监督和制衡。一个企业如果在已经关闭或正在开采的矿山项目上对环境不负责任，那么，它就会声名狼藉，在以后的矿山开发活动中受到公众的抵制。最后，在这两个案例中，政府起着不可替代的作用。圣米歇尔生态修复工作是由政府直接组织进行的，沙利文矿场的生态修复则有着政策法规的背景。在沙利文矿场所在的不列颠哥伦比亚省，政府已经在法律中明确规定，所有的采矿行为必须包括环境保护与恢复计划，要求采矿结束后，那些曾经受到干扰的土地和水道必须恢复到稳定、可持续发展的状态，并且制定了相应的可操作的技术标准，对空气、土地和水的质量实行有效的监管，以保护人类的健康及环境安全。

上述案例表明，对于生态修复，没有人可以袖手旁观，政府、企业和公众必须担负起各自的责任，以便帮助受损的生态系统迅速地恢复到健康水平。同时，需要各个部门及专业各司其职，充分发挥自己的专业知识，更好地为生态修复添砖加瓦，贡献自己的力量。

9.2 政策建议

焦化行业在我国能源和化工领域占据十分重要的地位，存在大量焦化类污染地块。根据全国重点行业企业用地调查的初步成果，纳入调查的钢铁与焦化类型的地块数量，（含在产和遗留地块）初步估计有千余块。焦化污染地块具有规模大、污染物种类多、污染严重、场地复杂、修复资金需求高等特点，对修复技术及其社会经济效益均有较高的要求，是污染地块环境管理的重点和难点。目前常用的修复技术有水泥窑协同处置技术、热脱附技术、化学氧化技术和气相抽提修复技术，缺乏新技术的应用推广来进一步提高污染地块的修复效率。目前存在科技与工程产业"两张皮"、面对市场研究有限、现有研究导向性导致技术成果（技术、材料、设备等）转化先天不足、无法满足市场及实际技术要求、资金配套不足等问题，新技术应用示范和推广落地难。

为进一步推动我国焦化污染地块修复效率的提高和市场的完善，落实污染修复或风险管控新技术创新与推广应用，对管理修复与管控集成示范和技术推广相关工作提出以下意见和建议。

9.2.1　建立以需求为导向的技术成果转化机制

高校和科研院所作为环保技术的产出主体，技术成果产出量很大，研发制度更重视技术的创新性和先进性。但市场意识较为薄弱，绝大多数的技术成果与市场实际需求脱节，不能应用于实际生产或修复治理，实用性和适应性差。主要原因包括：科研立项申报时，侧重于理论层面，重视项目的创新性，忽略技术成果的应用性和科技开发等方面；高校、科研单位同企业横向合作的意识薄弱，技术成果的需求指向性较低；技术成果成熟度较低，高校和科研单位的技术成果中，很多都缺乏中试验证。企业因为无法确定成熟度不足的成果的实际效用和产出而不愿进行投资，导致技术成果的推广应用不足。

（1）联动市场需求与研究导向，加快形成需求导向型科技创新模式

建议构建国家级环保技术成果资源数据库平台，根据行业协会和专家、高校和科研院所、企业等进行分类，开设通道，各通道间共享信息。用成果指导研究，形成市场需求与研究导向线上联动。

发挥市场对技术研发方向、路线选择、要素价格、各类创新要素配置的导向作用，鼓励企业及相关技术人员根据项目特点反馈实际需求。相关部门根据反馈信息发布科技和工程技术需求相关文件，引导研发机构将研究与市场挂钩。

修订高校 / 科研院所科技人才考核指标体系，提高科研成果推广转化在绩效考核中所占的比例；推动研究机构和企业高级技术人才的轮岗交流；制定企业投资 - 高校 / 科研院所研发形成成果的权属分配指导意见，让企业敢投入，让科技人员有所益。

（2）协同产学研用一体化发展，推动新技术示范及推广应用

建议提高企业对技术研发的参与度。高校和科研院所根据研发新技术以及企业现场问诊结果进一步完善改进创新内容，将研发的新技术及小试成果在基地进行示范，并将示范成果与企业共享，研究小试向中试过渡，提高技术成果成熟度。高校和科研院所发挥研究强项，对中试结果进行分析，进一步提炼形成研究成果，充分分析新技术指标及其实用性、经济性、局限性等。

通过中试、总结及资料共享，可以提高企业对新技术的认可度。进一步与企业合作，开展技术推广应用。由技术研发单位组成技术团队，对推广应用的技术进行现场操作指导。做好技术售后保障工作，同时可将应用技术在各院校进行宣传和不断完善，将高校和科研院所的技术研发、推广和教学与企业的技术应用及售后充分结合，经过基地的产业化示范和平台宣传，使技术得到高效推广和有效应用。

9.2.2 完善技术成果推广应用保障机制及措施

（1）完善新技术成果推广应用技术保障机制

鼓励采用项目全过程咨询服务方式开展工作。技术研发团队设置专人，为施工单位提供施工全过程咨询服务，并将技术应用情况反馈至团队，通过不断分析进一步完善，分工明确，将产业链建设完善；行业协会可委派 1～2 名新技术应用推广首席专家，对全过程进行跟踪，也可对新技术应用提供进一步的指导意见。

（2）完善新技术成果推广应用资金保障机制

推进建设技术成果推广应用配套资金及奖励体系。依托国家科技成果转化引导基金，深入拓展，进一步细化，增加适当的财政支持，如专项资金、税收优惠及财政补贴等，发挥政府资金的杠杆作用，加强社会资本和科研院所的产学研合作，引导社会资本进入创业投资领域。根据技术成果推广应用各个环节设立奖励，包括科研奖、成果转化奖、最佳投资奖、技术推广效果奖等奖项，并根据成果转化过程中的投入确立收益分配奖励的占比，形成技术成果转化奖励体系，以鼓励技术推广相关人才，推动技术转化。

9.2.3 建立健全技术成果评估及共享机制

（1）建立针对性技术成果评估体系

技术创新及应用推广不仅侧重于技术的前端评估，更重视技术的效果。但目前缺乏一套完善的技术评估体系，无法开展全过程有效验证评估。建议建立有针对性的技术成果评估体系，在新技术完成工程示范且有一定的应用基础时，开展修复技

术的有效评估及验证。

（2）标志性成果进展及共享

技术研发单位根据新技术应用项目实际进度对标志性成果进行汇总，并于平台公示。平台也可根据公示成果，或者定期收集经过第三方评估的技术成果，加强技术验证成果的宣传，对综合评价较高的技术成果进行专题发布和展示，进一步扩大业内对新技术的认知和认可程度。

参考文献

[1] 蒋洪强 . 排污许可证管理政策与支撑技术研究 [J]. 中国环境管理，2016，8(5)：109-110.

[2] 逯元堂 . 大气环保产业园创新创业政策机制试点研究 [J]. 中国环境管理，2016，8(5)：111-112.

[3] 辽宁省生态环境厅 . 国家科技重大专项科技支撑辽河流域水生态环境持续改善 [EB/OL]. 沈阳：辽宁省生态环境厅，2022-02-25[2022-10-26]. https://sthj.ln.gov.cn/sthj/xxgk/zwdt/snyw/E285299FCD12417A9522A96460281D5D/index.shtml.

[4] 中华人民共和国生态环境部 . 水体污染控制与治理科技重大专项 [EB/OL]. 北京：中华人民共和国生态环境部，2020[2022-10-26]. https://nwpcp.mee.gov.cn/zxdt/.

[5] 付立 . 两个生态修复的案例及启示 [EB/OL]. 中国共产党新闻网，2013-01-25[2022-10-26].http://theory.people.com.cn/n/2013/0125/c49154-20326201.html.

[6] 苏敏 . 生态修复实践案例 [EB/OL]. 易修复，2018-05-02[2022-10-26].http://www.exiufu.cn/show_154.html.

[7] 中国化工环保协会 . 关于征求《焦化污染地块修复技术验证评价规范》（征求意见稿）等两项团体标准意见的函 [EB/OL]. 北京：中国化工环保协会，2021-04-13[2022-10-26]. http://www.cciepa.org.cn/html/1103/38458027.shtml.

[8] 阚逸群 . 合肥科技成果转化体制机制研究 [J]. 合肥师范学院学报，2019，37(6)：5.

[9] 习近平 . 努力成为世界主要科学中心和创新高地 [EB/OL]. 求是网，2021-03-15[2022-10-26]. http://www.qstheory.cn/dukan/qs/2021-03/15/c_1127209130.htm.

[10] 刘兆香，唐艳冬，王京，等 . 国际经验对我国环保技术推广的启示和建议 [J]. 中国环保产业，2019，257(11)：17-22.

[11] 徐婧 . 提高我国服务业国际竞争力的对策研究 [J]. 商场现代化，2007(10S)：1.

第 10 章　主要结论

根据焦化生产过程和污染物排放及处理过程，典型焦化厂地块土壤和地下水中主要污染物为多环芳烃类、苯系物、石油烃类等。其中，以苯并 [*a*] 芘、萘和苯的污染最具有代表性，部分污染严重的场地存在 NAPLs 污染和重金属污染。鉴于这些污染特点，本书的研究内容包括：

1）焦化污染地块治理修复与安全再开发模式及评价指标研究；

2）焦化污染场地环境修复技术验证评价体系建设和验证试点；

3）焦化污染场地修复与风险管控环境监管重点技术研究；

4）焦化污染场地治理修复与风险管控集成技术推广的体制机制研究。

研究成果如下：

1）污染地块要实现“安全”开发利用，覆盖的范围和影响因素是多样化的，这是由地块污染特点和地块修复的特点决定的。污染地块“安全”开发利用可以分为广义和狭义两种类型，广义的“安全”需要覆盖修复工程实施的全过程，狭义的“安全”是指修复技术的比选确定和工程实施阶段。两种不同理解形成了两种不同的污染地块安全开发利用模式，即广义和狭义两种模式。

2）本研究将狭义的“污染地块安全开发利用模式”定义：以土地未来规划用途为先导，结合土壤和地下水污染特征以及特定的水文地质条件特点，采取适合于分位、分期、分区、分层的多种修复与管控技术组合，从技术、工程、管理三个方面，实现技术可靠性、经济成本合理性、二次污染控制绿色性、工程组织实施高效性和跟踪监管持续性五个方面的特点要求，使污染物浓度减少、毒性降低或完全无害化，从而形成一套包含修复策略和技术特点在内的综合性的污染地块治理修复或风险管控的总体技术策略。狭义的污染地块安全开发利用模式即表现为总体技术策略，该策略包括两个方面，即“修复策略”和“技术特点”，共同构成了“污染地块安全开发利用模式”的内涵。修复策略即“分位、分期、分区、分层”；技术特点可以从五个方面进行衡量和判断，即技术可靠性、经济成本合理性、二次污染控制绿色性、工程组织实施高效性、跟踪监管持续性。

3）污染地块具有严重性、复杂性、隐蔽性等特征，在已受到污染的地块施工，如果相关人员健康防护措施和管理不到位，容易造成严重后果。我国污染地块修复起步较晚，施工过程中存在健康与安全管理不完善的情况。本书在研究国内外健康与安全管理制度以及典型案例分析的基础上，提出了以“健康安全有害因素识别—健康安全防护设计—健康安全制度建设—落实健康安全防护措施—实施健康安全防护监测”为主要框架的污染场地健康安全管理的“五步法”。建议完善污染地块修复工程健康与安全管理体系，建立环境、健康与安全的联动机制，制定污染地块修复与风险管控工程健康安全防控技术指导性文件，加强健康与安全培训，发挥生态环境主管部门监督管理作用，进一步强化焦化污染地块修复与管控工程的安全、健康、环境监督管理工作。

4）焦化污染地块治理修复应重视二次污染防治工作。应根据地块再开发利用模式，针对分区分级管控的不同修复技术、修复后土壤最终去向，分析相关产污节点、产污区域、污染介质及特征污染物种类，结合敏感点分布情况，对项目地块修复过程中的二次污染进行识别，并采取有针对性的措施进行防控。二次污染防治需涵盖地块的全部区域和修复管控时段。修复车间应密闭负压，并配套建设废气治理设施，对废气进行治理后达标排放；对无组织排放的特征污染物和异味，宜选择一体化修复设备，分区开挖，减少土壤暴露面积，定期检查管道及阀门的密封性。二次污染防治需结合环境敏感点分布，做好环境监测。大气污染环境监测应涵盖焦化污染地块主要特征污染物，如苯系物、多环芳烃、酚类物质、氨、硫化物，必要时关注异味指标。开展常规监测的同时，进行在线监测。

5）焦化污染地块风险管控与修复效果评估技术方法是在《污染地块风险管控与土壤修复效果评估技术导则（试行）》（HJ 25.5）、《污染地块地下水修复和风险管控技术导则》（HJ 25.6）等标准的基础上，结合焦化污染地块的污染特点、污染物类型、污染特征、修复技术特点等提出的，是适用于焦化污染地块风险管控与治理修复效果评估的技术要求。具体在以下几个方面开展研究：加强土壤采样点位针对性和采样布点密度合理性，完善原地原位修复策略下效果评估方法体系，细化潜在二次污染防治效果评估方法，分析尾气污染物处理后检测指标等。焦化污染地块风险管控与修复效果评估技术方法的实施将加快焦化污染地块安全开发利用，推动焦化污染地块风险管控和修复技术向着绿色可持续方向不断进步，同时为其他类型污染地块制定土壤和地下水的风险管控与治理修复效果评估技术规范进行先行先试和经验探索。

6）焦化污染地块安全再开发利用需关注最终土壤去向及长期风险管控的落实与环境监管，以保证污染地块从修复到安全再利用，贯穿全过程、全周期的环境安全。大型焦化污染地块涉及的修复土方量大，修复后土壤的最终去向及其安全性值得跟踪关注。此外，对于修复后需采取跟踪监测和长期风险管控的焦化污染地块，还需要对土壤和地下水进行定期监测和评估，以保证工程控制及制度控制等风险管控措施的有效性。我国目前关于修复后风险管控的管理制度仍有待完善，焦化污染地块安全再开发利用全过程全周期的环境管理仍有待加强。

7）在我国“双碳”战略背景下，土壤修复技术和工程的发展方向是绿色、低碳与可持续的。为了评价技术的修复效果，运行可靠性、经济性、绿色性、低碳可持续性，课题组针对焦化污染场地污染特征及治理修复技术的特点，从环境效果、工艺运行、维护管理三个方面构建了一套技术验证评价指标体系，并研究了验证评价周期选择、采样点位和采样频率设置、测试方法以及评价方法等内容。在此基础上，选择山西某焦化污染地块修复示范技术——原位热脱附－化学氧化耦合修复技术为研究对象，进行了技术验证案例研究，进一步验证了技术验证评价指标体系及评价方法的科学性、有效性及可操作性。技术验证评价将有效助力土壤修复新技术/组合技术的推广应用。

8）通过分析当前污染场地治理修复和风险管控集成示范技术在推广应用方面的现状，评估焦化场地土壤治理修复和风险管控集成技术推广应用的主要影响因素和主要问题，分析环保集成技术示范推广方面的成功案例和可借鉴经验，提出六条焦化污染场地治理修复与风险管控集成技术推广应用的体制机制改革完善的政策建议。一是联动市场需求与研究导向，加快形成需求导向型科技创新模式；二是协同产学研用一体化发展，推动新技术示范及推广应用；三是建立新技术成果推广应用技术保障机制；四是建立新技术成果推广应用资金保障机制；五是建立有针对性的技术成果评估体系；六是促进标志性成果开发及共享。